생명의 뿌리

유전자 이야기

전파과학사는 독자 여러분의 책에 관한 아이디어와 원고 투고를 기다리고 있습니다. 전파과학사의 임프린트 디아스 포라는 종교(기독교), 경제·경영서, 일반 문학 등 다양한 장르의 국내 저자와 해외 번역서를 준비하고 있습니다. 출간을 고민하고 계신 분들은 이메일 chonpa2@hanmail.net로 간단한 개요와 취지, 연락처 등을 적어 보내주세요.

생명의 뿌리

유전자 이야기

초판 1쇄 1984년 07월 30일
개정 1쇄 2022년 07월 26일

–

지 은 이 M. B. 호글랜드
옮 긴 이 성기창·윤실
발 행 인 손영일
디 자 인 장윤진

–

펴낸 곳 전파과학사
출판등록 1956. 7. 23 제 10-89호
주   소 서울시 서대문구 증가로18, 204호
전   화 02-333-8877(8855)
팩   스 02-334-8092
이 메 일 chonpa2@hanmail.net
홈페이지 www.s-wave.co.kr
공식 블로그 http://blog.naver.com/siencia

ISBN 978-89-7044-296-9(03470)

생명의 뿌리

유전자 이야기

M. B. 호글랜드 지음 | 성기창 · 윤실 옮김

전파과학사

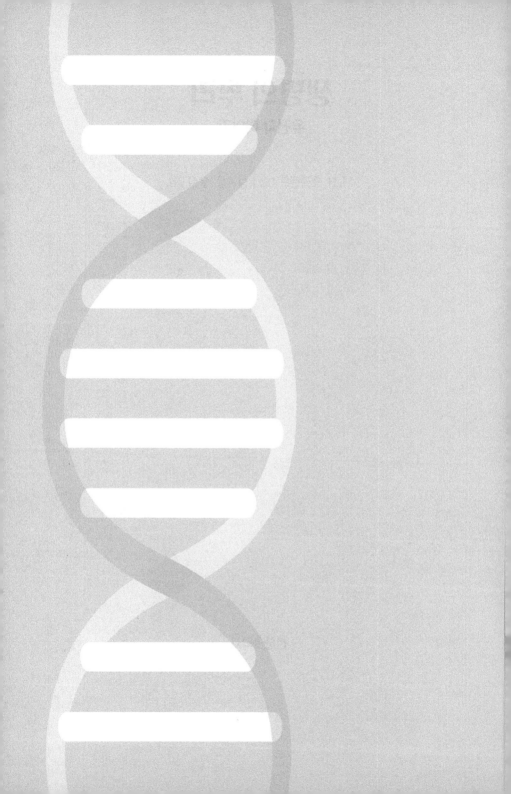

머리말

최근 생물학에서는 우리들의 가슴을 두근거리게 하는 발견이 잇따라 일어나고 있다. 그에 따라 우리는 생명의 과정을 지배하는 여러 가지 법칙을 대단히 많이 이해할 수 있게 되었다. 이처럼 매력 있는 연구에 필자가 참여하고 있다는 것은 대단한 행운이라고 생각된다. 새로이 밝혀지는 진리의 단순성과 아름다움은 필자를 매료시키는 즐거움이며 경탄의 원천이 된다. 그리고 이러한 법칙을 학생들에게 가르치고, 또 과학자가 아닌 친구들에게도 설명하는 사이에 필자는 필자가 느낀 기쁨을 어느 누구에게나—과학교육을 받지 않은 사람에게도—나누어 줄 수 있다는 확신을 가지게 되었다.

이 점에 있어서는 필자의 처가 언제나 열렬한 지지자였다(이 책은 그녀에게 바친 것이다). 과학자는 자기의 연구를 문외한인 다른 사람에게도 공개하고 전달할 의무가 있다는 그녀가 가진 평소의 주장이 필자로 하여금 이 소책자를 기획하고 집필하도록 하는 데 큰 영향을 미쳤다.

20세기가 되기 전까지의 과학자들은 일반적으로 독립된 사업주로서 일을 수행했다. 경제적인 원조는 선심 좋은 군주라든가 돈 많은 독지가로부터 받았으며, 때로는 정부로부터 얻었다. 그리고 자선단체로부터 연구비를 기부받기도 했고, 아니면 자신의 얼마 안 되는 재산으로 연구비용을 충당했다. 그러나 근년에 와서는 사정이 크게 변했다. 어느 나라에서나 과학에 대한 국민과 정부의 기대가 커졌으며, 과학기술은 너무나 복잡해졌다. 그에 따라 과학연구에는 엄청난 연구비가 필요하게 되었다. 그리하여 과학자와 정부와 국민 사이에는 밀접한 협력관계가 이루어지게 되었다. 한편으로 지식의 성장에 따라 실리적인 응용이 증대되면서 사람들은 과학자가 지금 무엇을 하고 있는지, 그들의 연구로부터 어떤 이익을 얻을 수 있는지, 또 그 연구에 어떤 위험이 따를 가능성이 있는지에 대해서 대단히 알고 싶어 하게 되었다.

과학에 종사하지 않는 사람들은 대개 "과학이란 이해하기 어려운 것이다", "과학의 본성은 심원하고 이해할 수 없는 것이다"라는 생각에 깊이 빠져 있는 것을 보고 필자는 감히 그에 도전해 보려고 하는 용기를 가지게 되었다. 대부분의 직업 과학자들은 그들 사이에서만 사용하는 특수 용어를 일반인들에게 이해시키도록 하려는 의욕을 크게 나타내려 하지 않는다. 그러나 더 문제가 되는 것은 과학교육을 받지 않은 시민들의 과학에 대한 지적 열의가 적다는 것이다.

이 같은 과학에 대한 기피는 부자연스러운 마음의 상태인 것이 분명하다. 과학이란 우리들의 내부와 환경을 파헤쳐 이해를 구하려는 자연적인 노력이다. 그리고 그 속에서 단순한 법칙을 발견하고, 그것으로 사실을 설명함으로써, 그전까지 어둡고 모르던 것을 이해할 수 있게 하는 과정이다. 또한 과학이란 일상생활 속에서 일어나는 호기심이다. 그 호기심이야 말로 인간을 움직이게 하는 가장 기본적인 힘의 하나라는 것은 말할 필요도 없다. 어릴 때는 호기심을 자유로이 나타낼 수 있으므로 일종의 과학을 실행한다. 그러나 나이가 들어가게 되면 차츰 즐거움과 지식을 얻는 충동인 호기심을 억누르게 된다. 그래서 필자는 과학이 다른 사람들에게 즐거운 것이 되도록 하는 일에 즐거이 도전하고 있는 것이다.

바이날 헤이븐에서

차례

1장

진리는 단순하다

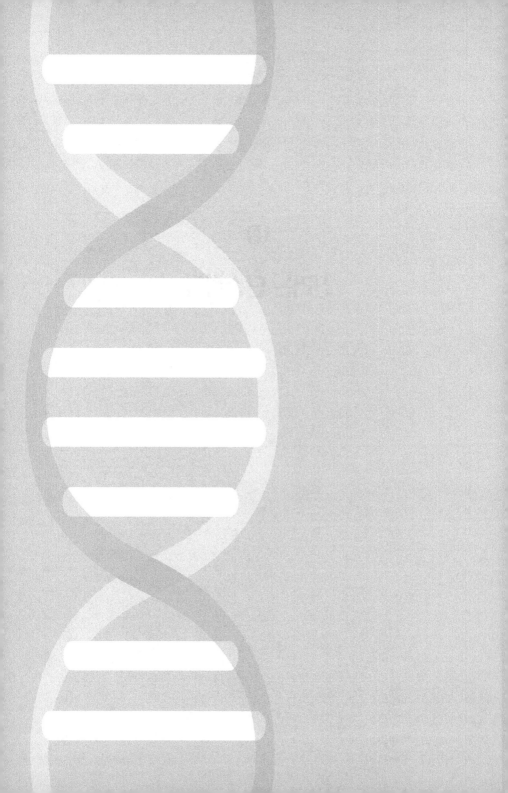

오래전에 필자가 경험했던 일을 이야기하려 한다. 그날 필자는 아버지와 함께 인적이 없는 조용한 바닷가를 산책하고 있었다. 바다 물빛은 회색이었고, 흩날리는 구름이 초겨울의 쌀쌀한 바람에 밀려 빠르게 흐르고 있었다. 바닷가 모래 위에는 파도가 밀어올린 바다풀들이 여기저기 뒤엉켜 쌓여 있었고, 그 해조 더미 곳곳에는 여러 가지 형태의 크고 작은 빈 병들이 뒹굴고 있었다. 그 병들은 모두 다른 먼 곳에서 버려진 것이 바람과 파도에 실려 여기까지 떠밀려 온 것이었다. 그런데 흥미 있는 것은 그곳의 빈 병들은 모두 그 입이 마개로 닫혀 있었던 것이다.

아버지와 필자는 빈 병들의 이러한 일치성에 신비함을 느꼈다. 그때 아버지가 그 이유를 찾아냈다. 그는 필자가 그 병 속을 유심히 관찰하도록 만들었다. 그때 필자는 거기에서 진화의 한 가지 법칙을 확신하게 되었다. 환경의 압박을 이긴 소수의 승리자만이 살아남는 진화에서의 생존자처럼, 그 마개가 막힌 빈 병들은 인간에 의해 바다에 마구 버려진 수많은 병들 가운데 바닷속으로 가라앉지 않고 그곳 해안까지 떠밀려온 소수의 생존자였던 것이다. 마개가 없이 버려진 대부분의 빈 병들은 험한 파도의 도전에 견디지 못하고 모두 물을 머금고 바다 밑으로 가라앉았지만, 우연하게도 마개가 닫힌 상태로 바다에 버려진 극소수의 빈 병만은 가라앉지 않고 이곳까지 밀려온 것이다.

과학에서 창조적 행동은 필자가 오래전에 빈 병에서 느낀 영감과 좀 비슷한 것 같다. 창조라는 것은 아무런 의미가 없어 보이는 사실들이 아무도 손대지 않은 상태로 사방으로 흩어져 있는 것을 잘 정리하여 그 속

에서 하나의 단순한 법칙이나 설명을 유도해 내는 것이기 때문이다. 지금
으로부터 1세기 이전에 찰스 다윈(Chales Darwin, 1809~1882)과 앨프리드
R. 월리스(Alfred Russel Wallace, 1823~1913)가 그렇게 했던 사람들이다.
당시 그들은 지구상의 생물들이 어떻게 그토록 다양한 모습으로 전 세계
에 분포하게 되었는가에 대해 제각기 해답을 찾고 있었다.

두 사람은 결국 아주 단순한 개념을 가지게 되었다. 생물은 생존해가
는 도중에 우연히 발생한 형태나 구조상의 변화 덕분에 특수한 환경에 처
했을 때도 다른 종류보다 적절히 적응하여 살아남을 수 있었다는 생각이
다. 이것은 훌륭한 상상의 비약이었다. 두 사람이 가진 이러한 개념은 그
때까지 축적되어 왔던 많은 생물학 정보를 아주 단순하고도 이해하기 쉽
게 만들어 주었다.

그런데 영감으로 얻은 통찰은 신중한 관찰의 뒷받침이 없으면 안 된
다. 또한 신중한 통찰이라고 하더라도, 연구자가 거기서 관찰을 위한 아
이디어를 이끌어 내고, 다음에 그 아이디어를 실험적으로 시험해 볼 줄
모른다면, 그 통찰은 현학(衒學)적인 것이 되고 만다. 그러나 만일 그 아이
디어가 훌륭하고, 또 실험이 교묘하다면 지금까지 얻지 못했던 무엇인가
를 그 속에서 찾아내게 될 것이다.

종교가나 철학자들이 갖는 광범위한 일반적 의문은 역시 광범하고 일
반적인 결론에 도달할 뿐, 사실을 증명해야 할 문제는 아주 드물다. 따라
서 그런 의문에서는 만인 공통의 결론이란 기대할 수 없다. 하지만 자연
에 대해 던진 직접적이고 간단명료한 질문은 애매해서는 안 되는 해답,

그리고 누구나가 그 해답을 실제로 확인할 수 있는 단순한 해답을 요구한다. 과학적 지식이란 기초에서부터 단계적으로 조금씩 쌓아 올려지며, 그 조그마한 지식의 조각들은 확고한 토대를 가진다. 따라서 그것은 만인이 지지하는 지식이 된다. 그러기에 필자는 "진리"라는 단어는 과학자들에게 허용되는 말이라고 정의한다.

인간의 경험도 다른 성질의 진리를 찾아낼 수 있다고 주장할 수 있을 것이다. 그러나 그러한 지식은 모든 사람에게 확인이 되고 실증이 되는 표준적인 것이라고는 기대할 수 없다. 왜냐하면 일부의 사람들에게는 그것이 진리로 인정되더라도, 다른 한편의 사람들에게는 다르게 받아들여질 수 있기 때문이다.

이 책은 생명이란 것의 상태와 생명의 과정을 지배하는 단순한 법칙에 초점을 맞추고 있다. 이 생명의 온갖 법칙은 모든 생물학과 의학을 밝혀 준다. 그리고 얼핏 보아서는 엄청나게 복잡할 것으로만 느껴지는 생명 현상을 이 법칙들은 우리로 하여금 쉽고 간단하게 이해하도록 해준다. 또한 그러한 진리는 심미적인 만족도 준다. 로마 사람들은 "단순함은 진리의 상징이다"라고 말했다.

세포에 초점을

만일 우리가 생명에 대해서 단순하면서도 진실한 것을 공부하려 한다면 세포에 대해서부터 연구를 시작해야 한다. 왜냐하면 세포란 모든 생물을 구성하는 최소의 구조이기 때문이다. 살아 있는 것으로서 세포보다 단순한 것은 없다. 또한 어떤 생물이라도 처음 1개의 세포에서 출발하여 복잡한 형태로 되어가는 것이다.

지금 말한 것은 중요한 내용이다. 이것이 사실임을 증명하기 위해 이 책을 읽고 있는 여러분의 신체를 분석해 보기로 하자. 우리의 몸을 세분해 보면 더 이상 나눌 수 없는 최소단위에 이른다. 그것은 모든 생물에 공통되는 생명의 요소이다.

1. 우리는 자기 자신과 주변의 환경, 자신의 업무, 그리고 이 책을 읽는 것 등을 의식하고 있다. 의식이라고 하는 것은 뇌라고 하는 매우 특수한 기관의 활동이며, 그 활동은 생명현상 가운데 가장 복잡한 것이다. 우리는 의식 활동이 어떻게 일어나는지 실제적으로는 전혀 모른다. 또 그것을 알기까지에는 많은 세월이 걸릴 것이다. 그러나 거의 대부분의 생물은 뇌 속에서 일어나는 의식을 전혀 경험하지 못하고 산다고 생각된다.

2. 우리의 몸은 뇌, 심장, 폐, 간장, 신장, 근육, 뼈, 피부, 내분비선 등의 여러 기관이 모인 공동체로서, 그 모두는 아주 정확하게 통제된 조화 속에서 움직이고 있다. 우리의 체온은 언제나 섭씨 37도 근처에서 유지된다. 뇌와 신경과 근육은 우리의 운동을 조절하며, 몸의 균형을 완전하게 유지하도록 해준다. 또 우리 몸은 경제적으로 음식과 산소를 섭취하고 배출하면서 체중

을 일정하게 유지해 간다. 이같이 훌륭한 조절능력은 인간뿐
만 아니라 거의 모든 동물 즉 새, 개구리, 물고기 등에서도 볼
수 있다. 한편으로 많은 하등생물은 아주 단순한 구조만으로
도 잘 살아간다.

3. 우리 몸을 이루는 개개의 기관이나 조직은 어느 것이나 살아
있는 부분으로 수많은 세포로 구성되어 있으며, 각 기관은 저
마다 독특한 기능을 가지고 있다. 뇌세포는 기다란 실처럼 생
겼으며, 이곳에서 저곳으로 전기신호를 전달하는 구실을 맡고
있다. 피부세포는 튼튼하면서도 강한 탄력성을 가지고서 우리
의 몸을 외부로부터 잘 보호해 준다. 또한 골격세포는 내부에
인산칼슘을 축적함으로써 단단한 구조를 형성, 인체의 형태와
체중을 잘 지탱하고 있다.

마치 일벌이나 병정개미처럼 그 기능이 특수화된 우리의 세
포는 제각기 독특한 구실을 함으로써 보다 큰 인체라는 전체
를 구성하고 있다. 자손을 만드는 생식이라는 중요한 기능도
세포의 특수한 집합이 이룩하는 것이다. 생식세포의 특수화는
식물을 포함하여 바다에 사는 하등생물에 이르기까지 많은 생
물에 보편적인 것이다. 그러나 미생물 중에는 다른 세포와 접
합하지도 않고 또, 특수화되지도 않은 것이 많다. 그러한 세포
는 대단히 다재다능하여 단독으로 번식도 하고, 아주 간단한
물질에서 자신의 영양을 섭취하며 독립적으로 잘 살아간다.

4. 몇십 년 전 어느 때는 우리 자신의 세포도 독립성이 있어 현재
   자신을 구성하고 있는 세포보다 다방면에 걸친 능력을 갖고
   서 가장 하등한 생물과 마찬가지로 스스로 자기와 꼭 같은 세
   포를 만들 수 있었다. 그것은 모체의 자궁벽에 갓 정착했을 때
   였다. 그때의 모습은 지금 우리의 모습과 아주 판이했지만, 지
   금의 우리 모습으로 창조할 정보를 전부 구비하고 있었다. 그
   것은 수정된 단 하나의 난세포로부터 시작하여 분열된 세포로
   서, 그 작은 덩어리 속의 각 세포는 지금의 우리 자신으로 만들
   어 갈 건축 계획서를 가지고서 이미 건설에 착수하고 있었던
   것이다.

우리가 모체 내에서 이와 같은 단세포의 형태로 시작되었다는 것은 우리가 다른 모든 생물과도 가까운 관계에 있다는 것을 말해 준다. 인간 생명의 시작 그것은 지금 이 책에서 전개하려고 하는 내용과 특별한 관계가 있다. 그것은 가장 고등한 생물이건 가장 하등한 생물이건 모든 생물은 자신의 복제품을 만들 수 있는 능력을 가진 한 개의 세포였거나, 한 개의 세포라는 점이다. 더 복잡하고 보다 고등한 생물은 자신을 복제할 때, 단세포(알과 정충)들을 만들어야 한다. 생물의 종류에 따른 그러한 세포들 사이의 커다란 차이점은 그 속에 지시되어 있는 정보의 내용, 즉 박테리아가 되느냐 아니면 모기나 개구리가 되느냐, 그렇지 않으면 인간이 되느냐 하는 것이다.

세포는 무엇으로 되어 있나

세포는 살아 있다고 할 수 있는 자격을 가진 것 가운데 가장 작으며 또한 가장 간단한 구조를 하고 있다.

그러므로 우리는 세포를 주의 깊게 연구한다. 그러면 세포란 무엇으로 되어 있는지 살펴보자. 간단한 것에서부터 복잡한 것으로 가는 순서에 따라 알아본다.

1. 원자: 꼭 알아두어야 할 기본적인 원자는 탄소, 수소, 산소, 질소 그리고 인, 이렇게 5가지이다. 그 외에도 많은 원자가 있지만 그 양이 훨씬 적다. 원자란 우주 전체를 구성하고 있는 천연의 요소이며, 또한 생물체를 이루는 가장 작은 실재물이다. 생명체를 이루는 5가지 기본적인 원자의 평균 원자 무게는 15이다. 따라서 우리는 그들의 원자 크기를 15로 해서 더 큰 크기의 분자들과 비교한다(현재는 탄소12라고 불리는 원자 1개의 무게를 12로 정하여 이것을 기준으로 다른 모든 원자의 무게를 나타낸다. 이 수치를 원자량이라고 부르며, 탄소의 원자량은 12, 수소는 1, 산소는 16, 질소는 14, 인은 31이다. 그리고 탄소12 한 개의 실제 무게는 2×10^{-23}g이다).

2. 간단한 분자: 분자란 몇 개의 원자가 모인 것이다. 특히 생물체를 구성하는 분자는 유기분자라고 부른다. 세포 내에는 수백 종류의 다른 분자들이 있는데, 그들의 평균 크기는 150이다. 이것은 원자보다 10배 정도 큰 셈이다.

3. 연쇄상 분자: 지금까지 말한 분자는 간단한 분자이고, 연쇄상 분자는 간단한 분자가 여럿 이어져 긴 연쇄를 이룬 것이다. 연쇄상 분자들 가운데 중요한 분자의 크기는 평균 75,000으로서, 간단한 분자보다 500여 배나 크며, 또 원자보다는 5,000배나 크다. 분자 가운데 가장 큰 것은 크기가 수백만이나 되어, 대형 전자현미경이라면 볼 수가 있을 정도이다.

4. 구조물: 연쇄상 분자는 세포 내에서 구조적인 배열을 이루고 있다. 가장 작은 구조물이라도 그 규모는 크기로 750만에 달하므로, 연쇄상 분자 크기의 100배나 되는 셈이다. 구조물 가운데 큰 것은 이보다 10배나 더 크다. 따라서 그런 것은 광학현미경으로도 볼 수 있을 정도이다.

5. 세포: 앞에서도 말했지만 세포는 생물체를 구성하는 최소의 조직체이다. 대부분의 세포는 맨눈으로 보아서는 보이지 않을 만큼 작지만, 소배율의 현미경이나 좋은 확대경으로 보면 확인할 수 있다.

6. 기관: 조직체 내에서 전문화된 어떤 기능을 협력적으로 맡아 하는 세포의 집단이다.

7. 생물체: 어떤 특별한 형태의 생명체가 완전한 기능을 발휘하도록 하는 데 필요한 세포들이 최소한도로 집합해 있는 것이다. 세균의 세포라든가 효모의 세포는 세포 자체만으로 생물체이다. 왜냐하면 한 개의 세포만으로도 충분히 자립해 살 수가 있

고, 또한 생식도 가능하기 때문이다. 하지만 인간이라는 생물체는 완전한 기능을 다하는 데 약 60조 개의 세포가 어울려 서로 협력하지 않으면 안 된다.

혼란 가운데 질서가

원자를 모아 분자를 만들고, 분자를 이어 사슬을 만들며, 사슬을 연결하여 구조물을 만들고, 구조물을 배열하여 살아 있는 세포를 만든다. 이것은 인간이 머리와 손과 컴퓨터를 사용하여 완성하는 그 어떤 일보다도 거창한 건설공사이다. 이런 엄청난 공사가 이 순간에도 세계의 모든 곳에서 일어나고 있는 것이다. 정말 생명의 가장 기본적인 뿌리란 살아 있는 세포가 쉬지 않고 질서와 조직과 복합의 일을 창조하고 유지해 가는 것이리라.

물리학자들은 이렇게 말한다. 무생물의 세계는 점점 무질서한 상태로 되어 가고, 모든 것은 서서히—수십억 년이란 시간이 걸려—혼돈상태(Chaos)를 향해 가고 있다. 열역학의 제2법칙에서는 엔트로피(Entropy: 무질서의 정도를 나타내는 말. 그것이 클수록 혼란상태가 심하다)는 우주 어느 곳에서나 끊임없이 증가하고 있다고 말한다.

우주는 어째서 무질서 상태로 되려고 하는가? 그 이유를 이런 식으로 생각해 보자. 지금 묽게 탄 파란색 페인트와 노란색 페인트를 가지고 하나의 통에 둘 다 들이붓는다고 하자. 두 가지 페인트의 분자는 분자 본래의 성질대로 쉬지 않고 충돌하면서 돌아다녀 결국에는 녹색의 혼합체가 될 것이다. 그러면 분자는 완전하게 혼합되고 무질서 상태가 되었지만, 한편으로 볼 때 분자는 가장 안정된 구성을 갖게 되었다. 그런데 만일 이러한 변화가 역방향으로 일어나기를 원한다고 하면 어떻게 해야 할까? 예를 들어 노란 페인트는 위로 뜨고, 파란 페인트는 아래층으로 분리되는 질서의 상태가 되게 하려면 어떻게 해야 할까? 그러자면 어떤 형태로든 일을 시켜야 할 필요가 있다. 즉 혼란하고 질서가 없는 녹색의 상태로 되려고 하는 혼합물의 강한 욕망에 대항할 수 있을 만큼의 일을 시켜야 안정된 상태가 될 수 있는 것이다.

우주에 있는 모든 원자와 분자가 전부 이 같은 상태에 있다. 원자와 분자는 불교에서 듣는 "열반", 즉 혼란과 완전한 무질서로 가장 안정된 상태가 되려 한다. 우리가 쌓는 모래성은 덧없는 것이어서 언젠가는 반드시 무너지고 퍼져 흔적도 없어질 운명을 갖는다. 화산은 지구가 안정되려 한다는 것을 말해 준다. 바위는 전혀 모르는 사이에 모래로 되어간다. 그리고 모래는 녹아서 바다에서 염(鹽)이 된다. 무정하게도 모든 것은 혼란을 향해 간다. 혼란, 그것은 우주의 모든 원자와 분자에게 최후의 안정 상태인 것이다.

이와 같은 혼란된 상태와 안정된 상태가 무생물에서는 큰 차이가 없는 것이지만, 우리 인간이 볼 때는 이 두 가지 상태를 같은 것이라고 보기가 어렵다. 그것은 아주 당연하다. 왜냐하면 생명의 모든 추진력은 바로 자연의 무질서화에 대항하는 것이기 때문이다. 생명은 불안정한 상태가 되도록 끊임없이 일한다. 생명은 무질서에 대항하여 일함으로써 질서를 창조한다. 생명은 녹색의 혼합물을 파랑 페인트와 노랑 페인트로 구분하려는 것과 같은 일을 끊임없이 대규모로 규칙적으로 하고 있는 것이다.

에너지는 질서를 만든다

무질서 상태로 이끌어 가려고 하는 자연에 대항하여 끊임없이 일을 추진해 가는 과정에는 도움(에너지 형태의 도움)이 있어야 한다. 아주 조그마한 세포라도 그 내부는 놀랍도록 정교하고 복잡한 구조로 되어 있다. 에너지는 태양으로부터 온다. 식물은 햇빛을 포착하여 이산화탄소를 당으로 전환하는 데 이용한다.

당은 이산화탄소보다 훨씬 복잡하지만, 당은 보다 질서가 있다. 그러므로 태양빛은 당을 만드는 기계를 동작시킴으로써 질서를 창조한다. 당분은 모든 생물에게 필요한 공통된 식량이다. 당은 질서를 만드는 데 에너지(햇빛)를 사용하기 때문에, 당이 분해될 때는 에너지를 내놓게 된다. 식물과 동물은 당을 산소와 효소로 연소시켜 분해하는데 그때 이산화탄소와 에너지가 방출된다. 이때 나오는 에너지로 동식물은 자신의 물질(세포 내에서 볼 수 있는 모든 화합물)을 만든다.

그리하여 당은 자신의 질서 있는 구조에서 나오는 에너지를 사용해 보다 큰 생명의 질서를 창조하는 데 쓰고 있다. 살아 있는 세포가 가진 질서는 설탕분자가 가진 질서에 비해 수천수만 배나 크다. 이 방정식을 성립

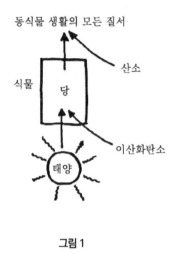

동식물 생활의 모든 질서

식물

당

산소

이산화탄소

태양

그림 1

시키기 위해서 생명체는 자신을 창조하는 데 수천수만의 당을 소비해야 된다. 생물은 정말 막대한 양의 당을 소비한다.

따라서 생명이란 질서와 체제와 복잡함만 의미하는 것이 아니라, 중요한 것은 질서와 체제에 대해서 역행하려고 하는 환경을 극복하여 그것을 창조하고 유지해 가는 능력을 뜻한다. 이러한 의미에서 새로운 생명의 창조란 기적이라고 불리어도 좋을 것이다.

질서를 만드는 데는 계획이 있다

이 우주에서는 생물만이 실제로 질서를 창조할 수 있는 유일한 것일까? 물이 식으면 고체가 된다. 이때 얼음의 분자는 스스로 정교하면서 복잡하고 아름다운 질서를 가지게 된다. 물에 녹는 식염도 용액에서 석출(析出)하여 아름다운 결정을 만들 수 있는데, 이것 역시 식염의 분자 사이에 질서가 증대되는 과정이다. 같은 예가 다른 데도 많이 있다. 그러나 이들은 가장 간단한 세포 속에서 일어나는 것에 견주어도 보잘것없는 것이다. 그뿐만 아니라 살아 있는 세포가 질서를 만드는 과정은 이런 결정화의 과정과는 근본적으로 다르다. 세포는 이미 존재하던 계획에 따라 질서를 만들어 간다.

공간에 무엇을 배열하려고 한다면 그전에 마땅히 계획이 있어서 무엇을 어떻게 할 것인가가 정해져 있어야 한다. 예를 들어 〈그림 2〉를 보자. 여기엔 삼각형과 사각형 그리고 원이 몇 개씩 뒤섞여 있다. 이것을 질서가 있도록 배열한다고 하자. 그러자면 누가, 또 무엇을 어떻게 배열해야 할 것인지 미리 정해져 있어야만 오른쪽 그림과 같이 될 것이다. 즉 계획이 있어야 순리적으로 일이 이뤄진다. 그리고 앞에서도 말했지만, 이때 에너지가 필요하다.

세포로 하여금 원자와 분자를 배열하고 사슬을 맺고, 또 구조를 갖추

그림 2

어 완전한 살아 있는 세포로서의 기능을 다할 수 있도록 지시하는 정보의 정체는 무엇일까? 그리고 어떻게 해서 그 정보가 다음 세대로 계속해서 전달되는가? 우리가 그 대답을 알고 있다는 것은 정말 놀라운 일이다. 그리고 그것은 놀랍도록 교묘하고 단순하다. 생물학적인 정보의 본질이 밝혀진 것은 현대 생물학의 가장 흥분된 성과이며, 또한 과학의 전체 역사 가운데 가장 중요한 사건의 하나임이 분명하다. 다음 장에서 그것을 논의해 보자.

2장

정보

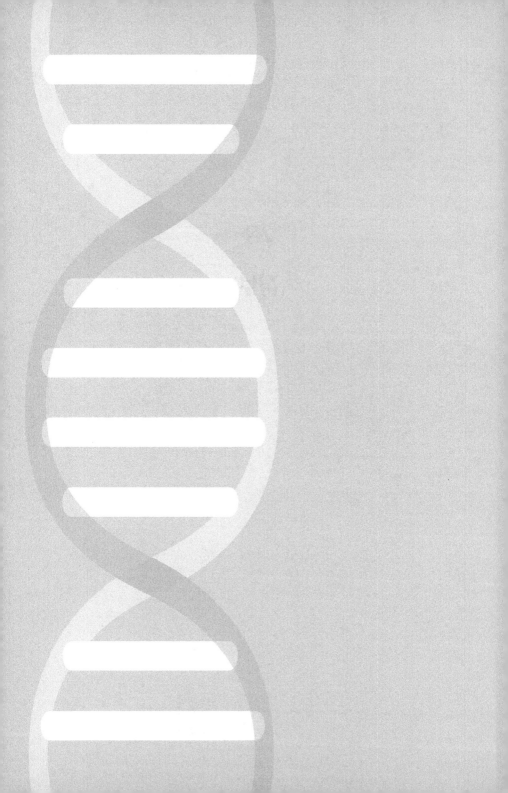

집에 있는 아이들의 얼굴을 쳐다보면 마치 자신의 모습을 보는듯한 느낌이 든다. 어린이는 부모의 환생(還生)이다. 인간은 정자와 난자 속에 자신의 몸에 대한 모든 구체적인 지침서를 넣어 제공한다. 어린이의 세포는 그 지침에 따라 양친의 몸과 닮은 자신의 육체를 만들어간다. 이 지침서야말로 미래에 남겨지는 정보의 선물이다.

하나의 세포를 만드는 정보는 지도라든가 계획서, 청사진, 브로슈어 (Brochure), 안내서 그리고 참고서 등의 성능을 가지고 있어야 한다. 즉 생명을 만든다고 하는 특수한 건축공사를 맡아 할 능력을 가진 대리인이라든가, 기계가 이해할 수 있도록 모든 것이 준비된 완벽한 지침서여야 한다.

유전자

유전의 과학인 유전학은 개개의 생물이 지닌 특징(형질)이 유전되는 것, 다시 말해 형질이 자손에서 정확하게 재형성되는 것을 연구해 왔다. 개개의 형질을 규정하는 정보는 "유전자"라고 부르는 특별한 실체 속에 존재하고 있다. 그리고 유전되는 형질의 하나하나에는 그에 대응하는 각각의 유전자가 있다. 유전학의 창시자 그레고르 멘델(Gregor Mendel, 1822~1844)은 1860년 유전자(당시에는 그 정체를 모르고 있었다)는 실재하는 물체로서 자손에 전달된다는 것을 증명했다. 다시 말해 유전자는 그것이 자손에 전해질 때 희석되거나 분할되지도 않으며, 혼합되는 것도 아니다. 유전자는 자손에 전달되도록 만들어진 정보의 꾸러미로, 그것이 생물의 각 형질을 지배하는 것이라고 생각하게 되었다.

1920년대에 와서 위대한 유전학자 토머스 헌트 모건(Thomas Hunt Morgan, 1866~1945)은 유전자가 세포 속의 어느 부위에 놓여 있는가를 알아냈다. 모든 세포 안에는 핵이라고 부르는 용기가 들어 있다. 핵은 세포가 나뉘어 2개로 될 때 먼저 자신이 2개로 분열되어야 하기 때문에 아주 중요한 것으로 이미 알고 있었다. 한 개의 세포가 가지고 있는 재산을 자손 사이에 평등하게 나누어 주는 과정은 먼저 핵 속에서부터 일어난다. 분열이 시작될 때 핵을 현미경으로 관찰해 보면 그 속에서 염색체라고 불리는 끈 같은 것이 발견된다.

이들 염색체는 핵이 분열하기에 앞서 먼저 분열되어 딸세포에 한 벌씩 나뉘어 들어간다. 이러한 분열과정이 밝혀짐으로써 염색체는 유전자가 위치하는 장소라고 생각하게 되었다. 모건은 실험동물인 초파리를 이용하여 일련의 정교한 실험을 한 결과 그것이 사실임을 증명했다. 모건은 그의 위대한 실험을 끝내기도 전에 유전자는 염색체를 따라 염주처럼 놓여 있다는 사실을 짐작하고 있었다.

유전자는 무엇으로 되어 있나?

유전자가 목걸이의 구슬처럼 염색체상에 놓여 있다는 것을 알게 된 때는 1930년대였다. 곧이어 과학자들은 아주 매력적인 의문을 가졌다. 염색체(유전자)는 무엇으로 되어 있는가?

생물학자 오즈월드 에이버리(Oswald Avery, 1877~1955)가 실시한 실험이 이 의문에 대해 명쾌한 해답을 내놓았다. 이 실험은 분명히 생물학 역사상 가장 중요한 실험의 하나였다. 그의 연구는 지금 우리가 공부하는 분자생물학이라고 하는 새로운 생물학 시대의 막을 열어 준 것이다. 1940년대 초, 에이버리는 쌍 폐렴(Double Pneumonia)을 일으키는 세균에 대해서 연구하고 있었다. 이 병균은 페니실린이 사용되기 전까지는 대단히 사망률이 높은 무서운 폐렴의 병원균이었다. 그는 10여 년 전에 알려진 이 병원균이 가진 아래와 같은 이상한 성질에 대해서 조사하고 있었다.

폐렴균에는 아주 비슷한 2가지 종류가 있는데, 한 종류는 폐렴을 일으키지만, 다른 한 종류는 전혀 병을 일으키지 않는 것이었다. 그런데 폐렴을 일으키는 균을 완전히 죽인 후 그것을 폐렴을 일으키지 않는 살아 있는 균에 넣어두면, 폐렴을 일으키지 않던 균이 폐렴을 일으키는 위험한 균으로 변하는 것이다. 그리고 일단 이 변화가 일어난 균은 그 성질을 다음 세대로 영구히 보존하게 되는 것이었다. 에이버리는 바로 이 같은 세균의 흥미 있는 성질에 대해서 그 이유를 연구하고 있었다.

병을 일으키는 능력은 하나의 유전적 특성이거나 한 그룹의 유전적 특성이다. 이 특성은 유전자에 의해 지배되고 또 후대에 유전된다. 에이버리는 죽은 위험한 세균의 몸이 분해되면서 발병성 정보를 지닌 화학적 물질을 방출하게 되고, 그것을 살아 있는 안전한 세균이 소비함으로써 그 정보가 들어간 것이 아닌가 하고 생각했다(그림 3). 즉 죽은 세균의 유전자가 살아 있는 세균 속으로 들어가 그것이 유전성을 갖게 된 것이라고 생

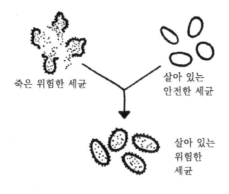

살아 있는
안전한 세균

살아 있는
위험한
세균

그림 3

각한 것이다. 그리하여 에이버리와 그의 동료 과학자들은 이 유전자와 같은 물질을 확인하는 연구에 착수했다.

의학에서 유전자의 화학적 성질을 밝히는 것만큼 중요한 문제란 별로 없을 것이다. 이 폐렴을 일으키는 세균은 에이버리에게 이상적인 실험 시스템을 제공해 주었다. 이것은 실험의 훌륭한 모델 시스템이 얼마나 중요한지 보여 주는 실례이다. 실제로 유전학의 전체적인 윤곽은 멘델이 처음 실험을 시작한 이후 100년이 더 지난 현재에 이르기까지 대부분 완두콩과 초파리, 빵곰팡이, 세균 따위를 이용한 간단한 실험 모델에 의해 밝혀진 것이다.

에이버리가 연구에 사용한 세균은 모두 유전적으로 동일한 순계(純系)였다. 그들은 또한 성장이 대단히 빨랐기 때문에 단시간 내에 여러 세대에 걸쳐 유전적 특성을 추적할 수 있었다. 그리고 세균이 폐렴을 유발할 능력이 있는지 없는지는 쥐에 주사해 봄으로써 간단히 측정할 수 있었다.

에이버리가 실시한 중요한 실험 가운데 하나가 대단히 확실한 해답을 내놓았다. 그는 죽은 폐렴균에서 꺼낸 분자의 혼합물에다 DNA를 파괴하는 효소를 첨가했다. 그러자 DNA가 파괴된 그 혼합물은 안전한 세균을 위험한 세균으로 변형시키는 능력을 잃고 말았다. 더욱 실험을 계속해 나간 결과, 에이버리와 그의 연구진은 안전한 균을 병을 일으키는 위험한 병균으로 바꾸어 놓은 것의 정체가 DNA라는 것을 증명하게 되었다.

DNA: 디옥시리보핵산

그런데 에이버리가 DNA를 발견한 것은 아니다. DNA는 그보다 60년 전에 프리드리히 미셔(Friedrich Miesher)라는 과학자가 발견했다. 미셔와 그를 따르던 과학자들은 DNA와 관련한 많은 화학적 지식을 얻어냈다. DNA는 뉴클레오티드(Nucleotide)라고 부르는 분자로 되어 있고, 이 분자는 서로 연결되어 사슬을 이루고 있으며, 많은 양의 인산을 가지고 있다는 것을 발견했다. 또한 그것이 지금까지 세포 속에서 발견된 것 가운데 가장 큰 분자라는 것도 알았다. 그러나 에이버리가 발견한 것은 바로 유전의 실재적 물질인 DNA였으며, DNA야말로 유전자라는 사실이었다. 즉 DNA는 유전정보이고, 유전정보는 바로 DNA라는 것을 확인한 것이다.

에이버리가 이것을 증명한 이후 DNA에 관한 지식은 무서울 만큼 급속도로 성장했다. 그리하여 1960년에는 유전정보가 어떻게 DNA 속에

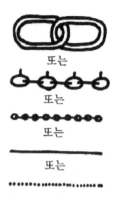

또는

또는

또는

또는

그림 4

암호로 기록되는지, 그 정보는 어떻게 해서 세포의 물질로 전환되는지, DNA는 어떻게 복사되어 다음 세대에 나뉘어 들어가는지 등을 모두 알게 되었다. 이러한 믿기 어려울 만큼 훌륭한 업적을 남기는 데는 많은 과학 자의 노력이 있었다. 그 가운데서도 제임스 왓슨(James Watson, 1928~)과 프랜시스 크릭(Francis Crick, 1916~2004)이 DNA의 이중나선구조를 밝힌 것은 유전학의 거대한 도약이었다.

그러면 여기서 DNA의 중요한 특징을 살펴보자.

1. DNA는 연쇄상 분자이다(즉 몇 종류의 간단한 분자가 연쇄상으로 이 어져 있다).
2. DNA는 대단히 길고 또 지극히 가느다란 모양이다. 만일 세포 의 핵을 100배쯤 확대해 본다면, 핵은 육안으로 겨우 보일 정

도인 바늘 끝만 할 것이다. 그런데 그 핵 속에 있는 DNA를 길게 펴서 늘어놓는다면 축구장 길이만 할 것이다.

3. 연쇄 속에는 4종류의 고리(뉴클레오티드라고 부름)가 있다. 그 이름은 아데닐산(Adenylic Acid), 구아닐산(Guanylic Acid), 시티딜산(Cytidylic Acid), 그리고 티미딜산(Thymidylic Acid)인데, 머리글자를 따서 간단하게 A, G, C 그리고 T로 표시한다.

4. 4가지 종류의 고리가 이어지는 방법은 일반적인 사슬이 그렇듯이 모두 동일하다.

5. 고리가 배열되는 데는 순서가 있다. 마치 문장 속의 글자가 알맞은 순서를 가지고 있는 것과 같다.

이제부터 우리는 사슬에 대해서 수없이 말해야 한다. 그때마다 우리는 사슬의 모양을 5가지로 그려 이용할 것인데, 그때그때 경우에 따라 편리한 그림을 사용할 것이다. 물론 진짜 사슬은 〈그림 4〉에서 보는 것과는 비교도 안 되게 길다.

DNA=언어=정보

DNA는 4가지 종류의 고리로 만들어진 사슬로서, 그 속에 새로운 개체를 만드는 데 필요한 모든 정보가 포함되어 있다. 그리고 그 정보의 비밀은 4종류의 고리가 배열되는 방법 즉 배열 순서에 있다. DNA의 연쇄가

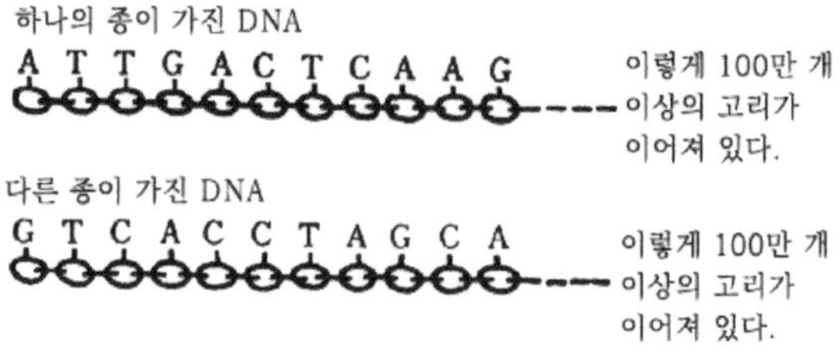

하나의 종이 가진 DNA

A T T G A C T C A A G   이렇게 100만 개
                           이상의 고리가
                           이어져 있다.

다른 종이 가진 DNA

G T C A C C T A G C A   이렇게 100만 개
                           이상의 고리가
                           이어져 있다.

그림 5

어떻게 그토록 많은 정보를 가질 수 있는가를 설명할 수 있는 방법은 이 것뿐이다. 한편으로 정보는 지도나 청사진 형태로 평면상에 2차원 형태로 기록되어 있는 것이 아니고, 1차원 안에 놓여 있다. 언어와 비교해서 설명하는 것이 편리하겠다. DNA는 4개의 문자를 가지고 있는데, 이것만으로 무한히 많은 통신문을 작성할 수 있다(그림 5). 이것은 단 2개의 부호만으로 된 모스 부호를 가지고도 무한의 통신문을 만들 수 있는 것과 같다.

책 속의 문자는 종이 위에서 일정한 위치를 차지하고서 서로 연결되어 있다. DNA에서는 4개의 뉴클레오티드가 일정한 순서로 화학결합을 하여 이어져 있다. 어떤 생물체가 가지고 있는 DNA의 총량은 하나의 책이라고 생각할 수 있다. 책은 문자와 단어, 문장 그리고 소절이 고리처럼 길게 이어져 하나의 완전한 내용을 이루고 있다. DNA도 이와 마찬가지로 생물체의 모든 부분과 기능을 "의미하는" 한 개의 길고도 긴 고리가 이어져 있는 것이다. 똑같은 2개의 쌍둥이 생물은 마치 한 문장도 다르지 않은 2권의 책처럼 동일한 DNA를 갖는다. 또 종류는 같으나 개체가 다른 생물은 마치 문법에서 약간의 차이가 있는 책과 같다. 그리고 종류가 서로 다른 생물이라면 그것은 마치 문장은 닮은 데가 있으나 내용이 아주 다른 책과 같다고 하겠다.

위에서 연쇄의 일부분인 유전자들은 문장에 해당한다고 설명했다. 유전자 하나는 문자(뉴클레오티드)가 몇 개 이어져 생물체의 특별한 구조라든가 기능을 규정하고 있다. 그리고 몇 개의 유전자가 연결된 유전자군(群)은 마치 문장처럼, 서로 이어져 기다란 DNA 분자를 이룬 것이다.

한 인간을 이루는 데 필요한 정보의 양

정보란 무엇인가에 대해 알아보았으니, 이번에는 하나의 생물을 구성하는 데 얼마나 많은 정보가 필요한지 알아보자.

1. 가장 단순한 생물체인 세균은 약 2,000개의 유전자를 가지고 있다. 각각의 유전자는 약 1,000개의 문자를 가졌다. 그러므로 세균의 DNA는 적어도 2백만 개의 문자가 이어져 있어야 한다.
2. 인간은 세균보다 500배나 많은 유전자를 가졌다. 따라서 DNA는 적어도 10억 개 이상의 문자로 연결되어 있어야 한다.
3. 세균이 가진 DNA는 10만 자의 문자로 쓰인 소설 20권에 해당하는 문자 수와 맞먹는다. 따라서 사람이라면 그런 책 1,000권에 해당된다.

언어에서 물질로

DNA라는 언어가 가진 내용은 하나의 생명체를 특징짓는다. 다시 말하자면, 유전자는 생명체를 창조하는 데 필요한 실질적인 생명의 자재를 생산케 하는 설계 지침서이다. 그러면 DNA 언어는 어떻게 전환되어 호흡하고, 움직이고 생식작용을 하는 살아 있는 생물체가 되도록 하는가? 이 의문의 답을 찾으려면 우선 우리들의 몸이 무엇으로 구성되어 있는지 알아야만 한다.

단백질

우리들의 몸이 어떤 물질로 되어 있는가는 보기처럼 그렇게 어려운 문제가 아니다. 가장 중요한 물질은 말할 필요도 없이 단백질이다. 기타의 물질인 물, 염류, 비타민, 미네랄, 탄수화물, 지방 등은 모두 단백질을 보조하는 물질들이다. 단백질은 인간의 몸뚱이를 대부분(수분은 제외하고) 구성하고 있을 뿐만 아니라 체온, 활동, 생각, 감각에 이르기까지 인체의 존재와 행위 전부의 기초가 된다. 예를 들어 우리 집 고양이를 보면, 몸뚱이는 단백질 덩어리이다. 잘 보이는 외부의 털과 눈동자는 물론 동작 자체도 단백질로 된 근육의 움직임이다. 또한 내부의 재료도 단백질이다. 그러므로 우리 집 고양이가 다른 고양이와 서로 다른 개성을 가지는 것은 바로 이 단백질의 차이 때문이다.

DNA의 지시에 따라 만들어진 단백질은 개체와 개성과 종(種)을 결정하는 물리적 기초가 된다. 사람에게 단백질은 자동차에 있어 금속과 같다. 자동차는 금속 외에도 여러 가지 다른 물질로 만들어져 있지만, 금속이 구조상으로나 기능상으로 가장 중요한 요소이다. 금속은 자동차의 외형과 동작 능력을 결정한다. 그리고 금속으로 된 부품의 모양과 성능과 위치가 다르면, 이 자동차와 저 자동차의 서로 다른 개성이 결정된다.

그러면 또 한 가지 질문을 해보자. 단백질은 무엇으로 되어 있는가? 그 요점을 나열해 보면 다음과 같다.

1. 단백질은 연쇄상 분자이다.
2. 단백질 역시 긴 분자이지만 DNA만큼 길지 않다.
3. 단백질에는 20종류의 고리(아미노산이라 불림)가 있다.
4. 20종류의 고리가 연결되는 방식은 모두 같다.
5. 20종류의 단위 즉 고리가 연결되는 순서는 아무렇게나 정해지는 것이 아니라 정확하게 정해져 있으며, 그 순서에 따라 그 단백질의 특별한 기능이 결정된다.

아미노산은 〈그림 6〉과 같이 연쇄의 고리에 그 이름의 첫 3자를 약호로 삼아 주로 나타낸다. 20종류의 아미노산 이름과 약호는 다음과 같다. 페닐알라닌(phe), 로이신(leu), 이소로이신(ile), 메티오닌(met), 발린(val), 세린(ser), 프로린(pro), 트레오닌(thr), 알라닌(ala), 티로신(tyr), 히스티딘

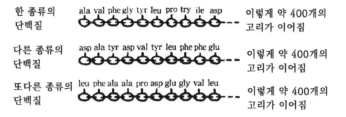

한 종류의 단백질	ala val phe gly tyr leu pro try ile asp ⌒⌒⌒⌒⌒⌒⌒⌒⌒⌒ ---	이렇게 약 400개의 고리가 이어짐
다른 종류의 단백질	asp ala tyr asp val tyr leu phe phe glu ⌒⌒⌒⌒⌒⌒⌒⌒⌒⌒ ---	이렇게 약 400개의 고리가 이어짐
또다른 종류의 단백질	leu phe ala ala pro asp glu gly val leu ⌒⌒⌒⌒⌒⌒⌒⌒⌒⌒ ---	이렇게 약 400개의 고리가 이어짐

그림 6

(his), 글루타민(gin), 아스파라긴(asn), 리신(lys), 아스파르트산(asp), 글루탐
산(glu), 시스테인(cys), 트립토판(trp), 아르기닌(arg), 글리신(gly).

번역

단백질의 이러한 5가지 특징은 앞에서 먼저 설명했던 DNA의 5가지
특징과 어딘가 닮은 데가 있다. 둘 다 연쇄상 분자이고, 연쇄를 만드는 고
리가 특유의 순서로 배열되어 있다. 단백질의 알파벳에는 20종류의 고리
(문자)가 있는데, DNA의 알파벳에는 4종류의 고리(문자)가 있다. 이것을
보면, DNA의 정보를 단백질이라고 하는 물질로 전환할 때는 반드시 언
어를 번역하는 과정이 있어야 한다는 것을 알 수 있다. 즉 4개의 문자로
된 알파벳의 배열이 20개의 문자로 된 배열로 번역되어야 하는 것이다.
이것은 마치 2개의 문자(점과 선)로 된 모스 부호의 알파벳을 26자로 된 영
어 알파벳으로 번역하는 것과 같다.

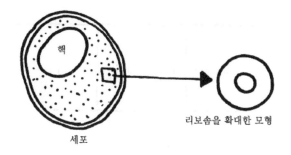

리보솜을 확대한 모형

세포

그림 7

　그와 같은 일이 실제로 일어나고 있다. 모든 세포는 단백질 사슬을 조립하는 데 필요한 정교하고도 지극히 작은 번역기계를 수천 개씩 가지고 있다. 그 기계를 리보솜(Ribosome)이라 부른다.

　DNA 언어가 단백질 언어로 번역이 되는 과정은 다음과 같다. 하나의 DNA 분자 속에는 여러 개의 유전자가 자리 잡고 있다. 먼저, 하나의 유전자는 하나의 전령 RNA(Messenger Ribonucleic Acid, mRNA)라고 부르는 복사물(Gene Copy)을 만든다. 이 복사작업에는 반드시 효소의 도움을 받게 되는데, 한 종류의 유전자에는 그와 일치하는 한 종류의 효소가 작용하게 된다. 이 유전자 복사물(mRNA)은 DNA와 아주 닮았지만, 연쇄가 길지 않다.

　mRNA라는 이름은 그것이 유전자의 지령을 받아 운반하는 구실을 하기 때문에 붙여진 것이다. 즉 mRNA는 DNA가 있는 핵 속에서 만들어진 후, 세포질 속으로 이동해 들어가 거기에 있는 리보솜에 지령을 전달한

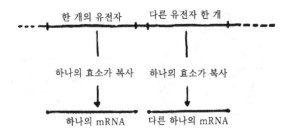

그림 8 | DNA상에 놓인 2개의 유전자를 2개의 실선으로 나타냈다(약 2,000개의 뉴클레오티드로 된 사슬). 그 좌우에 이어진 다수의 유전자는 점선으로 나타냈다

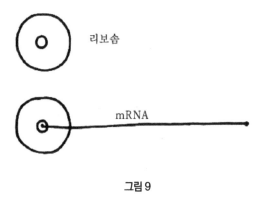

그림 9

다. 이후 리보솜은 그 지령에 따라 〈그림 8〉과 같은 과정으로 단백질을 합성한다.

유전자 복사물인 mRNA는 한쪽 끝을 리보솜 속으로 집어넣는다(그림 9).

리보솜은 mRNA가 가진 정보를 읽는 판독기이다. 이 판독기는 mRNA 속에 기록된 문자(뉴클레오티드)의 순서를 읽어 하나의 단백질을

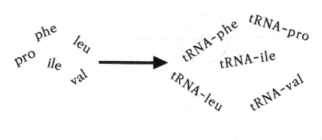

그림 10

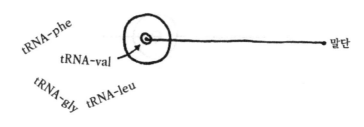

그림 11A

방출(읽는 소리를 내는 대신에)하게 된다. 이 과정을 좀 더 자세히 살펴보자.

이때 특별한 효소가 나와 운반 RNA(transfer RNA, tRNA)라고 부르는 작은 RNA 분자에 아미노산을 결합한다. 20종류의 아미노산은 각기 독특한 tRNA 분자와 이어진다(그림 10).

아미노산을 결합한 tRNA 분자는 이제 리보솜에게 가서 결합하고 있던 아미노산을 건네준다(그림 11A).

이때 리보솜은 mRNA가 가진 지령에 따라 적절한 tRNA를 선택하여, tRNA에 매달린 아미노산을 넘겨받는다. 예를 들어, 리보솜이 지령을 판

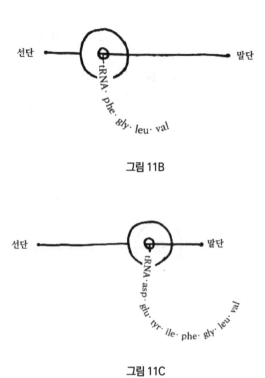

선단 ●━━━━━ 말단

tRNA· phe· gly· leu· val

그림 11B

선단 ●━━━━━ 말단

tRNA· asp· glu· tyr· ile· phe· gly· leu· val

그림 11C

독해 가는데, ala(alanine)라는 아미노산을 지정하는 뉴클레오티드의 한 그룹이 mRNA 위에 있다면, 리보솜은 그에 대응하는 아미노산 즉 ala를 가진 tRNA를 선택하여, 거기에서 ala를 취하게 된다. 이때 mRNA의 뉴클레오티드와 그에 맞는 아미노산이 대응하여 서로 만나게 되는 것은 뉴클레오티드의 자연적인 대응관계이다. 즉 mRNA상에 있는 뉴클레오티드 그룹의 하나하나는 그에 대응하는 tRNA상의 뉴클레오티드 그룹과 완전하게 대응하는 것이다.

각각의 아미노산이 결합된 tRNA가 리보솜 속에 들어가 적당히 자리를 잡으면, 그 아미노산은 리보솜 속에 먼저 들어가 있던 다른 아미노산과 화학적으로 결합하게 된다(그림 11B).

이러한 아미노산의 결합은 한 번에 한 가지씩 순서대로 진행된다. 그리하여 리보솜이 지령을 판독해감에 따라 단백질사슬은 점차 길어진다(그림 11C).

mRNA의 지령을 처음부터 끝까지 다 판독하고 나면, 단백질의 연쇄가 완성되어 리보솜에서 떨어져 나온다(그림 11D).

이렇게 해서 새로운 단백질이 탄생한다. DNA 속의 한 유전자를 이루는 뉴클레오티드의 순서는 그것이 만드는 단백질의 아미노산 순서를 정확하게 규정한다. 하나의 유전자는 하나의 단백질을 결정한다. "한 유전자—한 단백질"이라는 개념은 단백질이 어떻게 만들어지는가에 대해서 확실히 알기도 전에 나온 이론이었다. 생화학자인 조지 비들(George

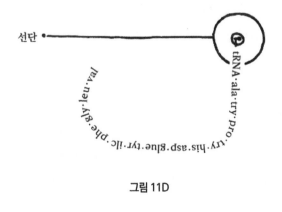

그림 11D

Beadle, 1903~1989)은 1930년대에 빵곰팡이를 이용하여 대단히 흥미 있는 일련의 실험을 하고 있었다. 그때 단 1개의 유전자에 변화가 생기면 한 가지 단백질에 손상이 생긴다는 사실을 발견했다. 이 연구는 이어 박테리아를 사용한 실험에서도 확인되었으며, 연구의 규모는 더욱 확대되었다.

그러나 이 같은 위대한 발견도(더 많은 다른 연구를 포함하여) 허먼 멀러(Hermann Muller, 1890~1967)가 이룩한 중요한 업적이 없었더라면 어려운 일이었을 것이다.

당시 멀러는 생물체에 X선을 조사함으로써 인위적으로 DNA에 변화(돌연변이)를 일으킬 수 있다는 사실을 발견했던 것이다. 그리고 그는 세포 속의 DNA는 그 세포 속의 단백질 종류의 수와 동수의 유전자를 가지고 있다는 사실도 밝혀냈다(그것이 박테리아라면 약 2,000개, 사람이라면 200,000개쯤 된다).

이러한 번역과정 즉 단백질 합성 기구는 너무나 정확하게 되어 있다. 세포의 생명을 유지하는 데는 수천 가지의 단백질이 만들어지지만 실수란 거의 없다. 2,000권의 소설에 상당하는 언어를 거의 실수 없이 번역해 낸다는 것은 인간이 만든 기계로는 도저히 불가능할 것이다.

운반 RNA의 발견

필자의 훌륭한 지도자인 폴 자메크닉(Paul Zamecnik, 1912~2009)과 필자는 1956년 tRNA(운반 RNA)를 발견하여 그 작용을 해명해냈다. 자메크

닉은 이미 전부터 리보솜이 단백질의 조립 장소라는 것을 확인하고 있었다. 1955년 필자는 아미노산이 특별한 효소의 도움으로 활성화(다른 아미노산과 반응하기 쉬운 상태로 됨)된다는 것을 증명했다(4장에서 설명한다). 그러나 필자는 그 사이의 과정(아미노산이 mRNA의 지령에 따라 정확하게 결합되는)을 몰랐다. 자메크닉과 필자는 세포 속에서 조그마한 RNA 분자를 발견했는데, 그 분자는 큰 친화력을 가지고 아미노산과 대단히 튼튼하게 결합한다는 것을 알게 되었다. 재빨리 확인한 결과, 우리는 그것이 단백질 생성 과정의 중개자임을 알게 되었다. 대단히 진지하고 행운이 함께한 이 실험을 끝낸 다음 해 말경, 우리는 앞에서 설명했던 것과 같은, 단백질 조립에 참여하는 tRNA의 기능을 완전히 이해할 수 있게 되었다.

사슬로부터 3차원의 구조로

생명의 기구는 DNA 사슬을 언어처럼 사용하는 것이라고 한 지금까지의 설명에 만족할지 모르겠다. 계획에서부터 완성품을 만들기까지의 과정은 단순한 번역 작업에 지나지 않는다. 이제 우리는 뛰어넘어야 할 큰 장애물을 하나 가지고 있다. 번역은 하나의 기호를 다른 기호로, 일차원에서 일차원으로, 사슬에서 다른 사슬로, 뉴클레오티드를 아미노산으로 바꾸는 것이다. 그러면 사슬로부터 물질, 즉 제구실을 하는 단백질로, 그리고 우리가 들고 만지고 할 수 있는 꽃, 씨, 개구리, 나아가 우리 자신으로 되는 방법은 무엇인가? 그것을 알려면 이제 우리는 1차원에서 3차원으로 도약해야 한다.

1차원의 사슬로부터 3차원의 물질이 되는 비결은 단백질 사슬을 구성하는 아미노산 고리의 성질에 있다.

단백질 분자는 사슬 모양을 하고 있으나 물리적으로 보면 분명히 3차원 구조를 하고 있다. 본래 사슬은 3차원 구조로 되어있다. 단백질을 구성하고 있는 20종의 아미노산은 활성이 없는 단순한 기호에 불과한 것이 아니다. 각각의 아미노산은 독특한 화학적 특성을 가지고 있다. 어떤 아미노산은 같은 아미노산과 화학적으로 결합하여 사슬을 만들기 좋아한다. 또 어떤 것은 산성을 나타내고, 어떤 것은 알칼리성을 갖는다. 어떤 것은 물과 결합하기 좋아하고, 어떤 것은 물을 피하는 경향이 있다. 어떤 아미노산은 사슬이 꼬이기 쉽게 하는 모양을 하고 있다. 그 외에도 아미노산들은 여러 가지 독특한 성질을 가지고 있다. 아미노산의 이러한 성질에 따라서 단백질도 특성을 갖도록 만들어진다. 그리고 사슬상에서 아미노산들이 차지하는 그 위치에 따라서 사슬의 최종적인 형태가 정해진다.

사슬이 만들어지고 나면, 그 사슬은 서로 꼬이고 서로 포개지고 하여 실뭉치처럼 된다. 실뭉치는 사슬의 덩어리로 3차원적인 형체이다. 사슬을 길게 늘여 보았을 때의 아미노산 배열순서는, 사슬이 자유롭게 포개지도록 두었을 때, 어떤 상태로 포개지는가를 결정한다. 이 포개지는 방법이 이번에는 단백질 분자의 특성과 모양과 기능을 결정한다.

근육단백질의 유전자는 단백질을 조립하는 기구에 지시하여 기다란 섬유상이 되도록 단백질 사슬을 만든다. 이 섬유상의 단백질은 인접한 다른 섬유 위로 미끄러질 수 있고 그 때문에 근육이 수축할 수 있게 된다. 적혈구에 있는 산소를 운반하는 단백질인 헤모글로빈이 되는 단백질의 사슬은 산소를 잡았다 놓아주었다 하는 특별한 능력을 가진 3차원 형태로 포개진다. 그리하여 수천 가지 형태의 단백질 사슬은 모두 유전자에 있는 뉴클레오티드의 배열에 따라 그 모양이 결정되고, 또 특별한 형태로 포개져서 독특한 기능을 갖게 되는 것이다.

질서를 만든다는 것은 사슬을 만드는 것

1장에서 이야기했던 질서에 대해 다시 기억해보자. 즉 생명은 끊임없이 무질서를 향해 가고 있는 우주의 내부 속에서, 질서를 향해 열심히 움직이는 것이다. 이제 우리는 이것이 무엇을 의미하는가를 더욱 확실히 이해할 수 있다. 살아 있다고 하는 것은 한마디로 이미 정해진 순서에 따라서 고리를 이어 사슬을 만드는 것이라 하겠다. 그리고 일단 그 순서가 정해지고 나면 최종적인 형태와 기능을 획득하는 것은 거의 자동적으로 결정된다고 생각해도 좋을 것이다.

약한 화학결합의 중요성

세포가 가지고 있는 중요한 분자인 DNA 그리고 단백질에 대한 연구에서 대단히 중요한 일반원칙이 하나 나왔다. 그것은 약한 화학결합이 생명 활동에 지극히 중요하다는 것이다. 강한 화학결합이란 단백질에서 아미노산을 연결하고 있는 결합이라든가, DNA나 RNA에서 뉴클레오티드를 서로 잇고 있는 결합과 같은 것을 말한다. 즉 사슬의 고리와 고리를 잇고 있는 결합이다. 한편으로 약한 화학결합이란 모든 커다란 분자의 최종적인 형태와 포개짐을 유도하고 또 유지하는 결합이다. DNA에서는 2중 나선구조를 만들 때 2개의 사슬이 서로 연결되는 뉴클레오티드 사이의 결합이 약한 화학결합이다(2중 나선구조에 대해서는 DNA 복제에서 논할 것이다). 단백질에서는 단백질이 자신의 독특한 기능을 다할 수 있는 형태로 포개지게 하는 아미노산 사이의 연결이 약한 결합이다.

리보솜에서 새로운 단백질이 만들어질 때, tRNA 분자는 mRNA 분자 위에서 자신에 대응하는 위치를 찾는다. 이때 tRNA는 자기의 뉴클레오티드와 mRNA의 뉴클레오티드가 형태적인 대응을 이루게 함으로써 적당한 자기 위치를 찾아낸다. 이와 같은 중요한 결합이 가지고 있는 유리한 점은, 바로 화학결합이 약하여 쉽게 결합이 이어지고 끊어질 수 있다는 것이다. 그러므로 이들의 결합은 목적이 끝나고 나면 간단히 끊어져 다시 다른 새로운 결합을 할 수 있게 된다.

바이러스 ― 생명에 가까운 무생물

바이러스는 단백질과 DNA 또는 RNA로 되어 있다. 바이러스는 DNA라든가 RNA 형태로 정보를 가지고 있으며, 또 단백질 형태로 독자적인 물질적 개성을 가지고 있다. 그러나 바이러스는 도움을 받지 않고는 증식하지 못한다. 도움은 살아 있는 세포로부터 얻는다. 바이러스는 자신이 가진 단백질의 도움으로 세포를 발견하고 그 속으로 들어갈 수 있다. 그리고 세포 속으로 들어간 바이러스는 그 속에서 자신을 증식시키기 위한 기구를 찾아내고, 그 방식에 따라 자신을 생산한다. 이러한 일이 모두 끝나면 바이러스와 그 자손은 세포 밖으로 나온다. 그 후 그들은 각기 다른 세포로 들어가 세포에 유쾌하지 못한 과정을 전부 되풀이한다. 이러한 일련의 행사가 진행되는 사이에 바이러스는 숙주세포를 죽이기도 하고, 상처를 입히거나 변화가 일어나기도 하며, 때로는 아무런 해를 주지 않기도 한다.

이것은 침입하는 바이러스의 유형에 따라 다르다. 세포 속에 들어간 바이러스가 일으킬 수 있는 중요한 변화 중 하나는 그 세포를 암세포로 변화시키는 것이다. 이 신비로운 현상은 오늘날 암 연구에서 가장 정력적으로 노력을 쏟아붓고 있는 기초분야이다. 자세한 것은 8장에서 다루기로 한다. 바이러스는 세포보다 간단하지만, 세포보다 원시적인 것이라고는 생각하지 않는다. 바이러스는 본래 세포의 정상적인 부분이었지만, 아주 먼 옛날에 세포로부터 탈출하여 독특한 기생충스러운 "생활방법"을 확립하게 된 것으로 보인다. 바이러스 자체는 살아 있는 것이라고 생각되지 않는다. 왜냐하면 바이러스는 자기 스스로 번식하지 못하기 때문이다.

수명이 있는 것과 영원히 사는 것

이렇게 해서 어떤 개체가 창생되기 위해서는 일련의 지침서가 필요하다는 것을 알게 되었다. 이 지침서는 수백만 년, 수억 년이 지나도록 대단히 정확하게 반복하여 복사되어 왔다. 하지만 개체는 수년 또는 수십 년 안에 죽는다. 그렇다면 이 지침서는 영원히 죽지 않는 것일까 하고 의문을 가져본다. 그 대답은 예스이다. 만일 생물학자에게 불사(不死)라는 것이 있다면 그것은 바로 이 지침서이다. 개체가 살고 죽고 하는 것은 다음 세대로 전해져야 할 지침서를 한순간 관리하는 것이다. 즉 개체의 생명이란 DNA를 바통으로 하는 릴레이의 경주자에 지나지 않는다는 것이다.

개개의 생명체는 선조가 가졌던 정보를 자손에게 전한다는 의미 외에는 존재 가치가 없어 보인다. 어떤 나방은 태어날 때부터 입이 없어 죽을 때까지 굶어야만 한다. 이 나방의 사명은 얼른 교미를 하고 알을 낳음으로써, 나방의 정보가 다음 세대에 전달되게 하는 것뿐이다.

DNA가 영원한 운명을 가진 것이 분명하다면 인간의 끝없는 호기심은 견딜 수 없을 것이다. DNA는 어떻게 시작되었을까 하는 의문 때문이다.

3장

창조의 시작

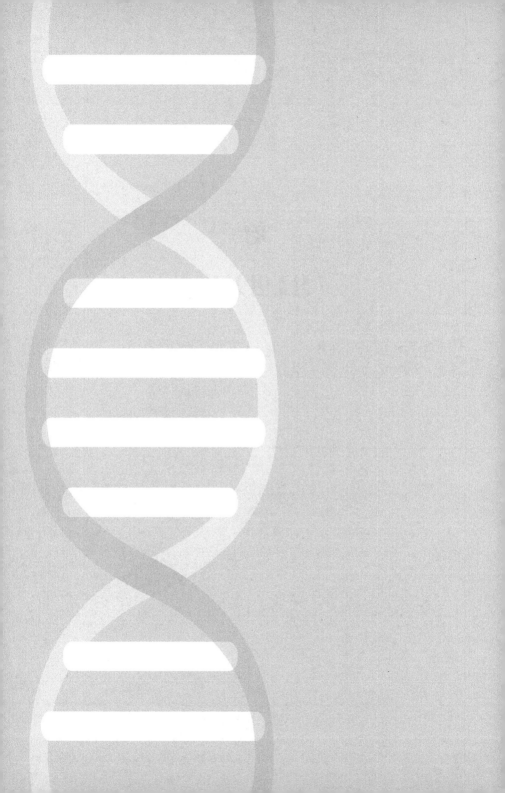

닭과 달걀 둘 중 어느 쪽이 먼저 생겨났는가 하는 해묵은 질문에는 대답이 나오지 않는다. 그것은 닭이 태어나려면 계란이 있어야 하고, 계란이 있자면 닭이 먼저 살고 있어야 한다는 단순한 대답의 순환이 끝없이 거슬러 올라가기 때문이 아니다. 그 이유는 닭과 계란의 순환을 거슬러 올라가 볼 때 조그마한 변화가 계속 일어나 마지막에는 주인인 닭도 계란도 없어져 버리기 때문이다. 닭의 과거를 10억 년 전으로 되돌아가 보자. 깃털이 덮인 닭의 모습은 흔적도 없이 사라지고, 다만 핀의 머리보다도 작은 바다에 사는 생물의 모습을 보게 될 것이다. 우리 인간의 과거를 거슬러 올라간다고 해도 비슷한 결과를 만나게 될 것이다.

보다 더 옛날로 올라간다면 어떻게 될까? 우리는 생명의 시작에 대해 생각해 봐야겠다. 2장에서 DNA의 불멸에 대해 이야기했는데, 여기서 좀 더 상세히 알아보자. DNA라고 하는, 지구상에 현재 살고 있는 모든 생물을 창조하는 데 필요한 정보가 가득 들어차 있는 거대한 분자는, 아득한 옛날 어느 시기에 조심스럽게 탄생했음이 분명하다.

가장 신빙성이 있는 추정에 따르면, 생명은 지금으로부터 약 30억 년 전에 시작되었다. 지구가 탄생하고 나서 약 20억 년 동안은 생물이 살 수 있을 만큼 지표의 온도가 내려가야 했다. 20억 년 전쯤의 화석이 있는데, 그것은 지극히 작고 단순한 구조를 가진 바다의 생물이었다. 이 화석 생물보다 더 오래된 선조는 아마도 더욱 작은 것이었으리라. 그리고 그것은 오늘날 많이 살고 있는 단순한 형태의 단세포생물 가운데 어떤 것과 닮았으리라 생각된다.

그렇다면 다음의 핵심적인 의문은 최초의 세포는 어떻게 시작될 수 있었던가 하는 것이다. 이 질문은 최초의 세포가 어떻게 탄생했는가 하는 것이 아니다. 이것은 도저히 대답할 수 없는 질문이다. 그 누구도 탄생의 현장에 가서 관찰할 수가 없기 때문이다. 하지만 어떻게 생명이 시작될 수 있었던가 하는 것은 대답이 가능한 질문이다. 우리는 빈틈없이 추측하고 또 가능성을 보여 주는 실험을 할 수 있다.

절대 필요한 재료와 조건

지금으로부터 30억 년 전의 지구상은 어떤 상태였을까? 지질학자와 고생물학자, 물리학자, 생물학자들의 연구 결과를 토대로 당시를 짐작할 수 있다. 공상과학소설이나 영화를 보면 당시의 상황에 대해 매우 실감나게 정확을 기하려 하고 있다. 온통 바위와 용암으로 덮인 회색의 세계에 녹색이라고는 한 점도 없다. 불을 뿜는 화산, 톱날 같은 산봉우리, 김이 무럭무럭 나는 바다, 낮게 덮인 구름, 끊임없이 쏟아지는 비, 수시로 번쩍이는 번개와 천둥뿐이고 생명의 모습은 전혀 볼 수도 들을 수도 없다. 이런 곳에는 누구도 살 수 없을 것으로 보인다. 그러나 생명이 탄생하기에는 아주 좋은 무대이다. 여기에 무엇이 필요했는지 보기로 하자.

1. 따뜻한 온도
2. 충분한 물의 공급

3. 필요한 원자: 탄소, 수소, 질소, 산소 그리고 인

4. 에너지원(源)

물과 따뜻한 온도에는 문제가 없다. 지구가 식어가는 동안 수백만 년에 걸쳐 비가 내렸다. 그 비는 아직도 뜨거운 땅 위의 바다를 채웠다. 번개는 풍부하게 에너지를 공급했고, 태양의 자외선은 구름을 뚫고 거침없이 들어왔다. 당시의 자외선은 지금보다 훨씬 강했다. 왜냐하면 그때는 대기의 상부에 오존층이 없었기 때문이다. 오존은 자외선을 아주 효과적으로 흡수한다. 지금의 대기층 상부에 있는 오존은 지구상에 식물이 탄생한 이후 생성되기 시작하여 점점 쌓인 것이다.

이러한 조건은 정보의 사슬(DNA)과 세포물질의 사슬(단백질)과 같은 간단한 화합물을 충분히 탄생시킬 수 있다. 그런데 사슬이 만들어지기 위해서는 DNA의 뉴클레오티드라든가 단백질의 아미노산과 같은 고리가 먼저 있어야 한다. 이미 알고 있듯이 이들 고리는 탄소, 수소, 질소, 산소 그리고 인과 같은 원소가 화학적으로 결합하여 배열된 작은 분자이다.

간단한 분자의 창조

여기에 각본이 있다. 바닷속에 녹아 있는 탄소, 수소, 질소, 산소, 인 등으로 구성된 간단한 화합물이 번개와 자외선의 충격을 끊임없이 받는다. 그리하여 이 혼합물은 여러 가지로 결합하게 되고, 그 가운데는 안정

되고 수명이 오래가는 것이 생겨났다.

이러한 과정이 수억 년에 걸쳐 진행되는 동안 바다는 점점 복잡한 화합물로 가득하게 된다. 그 속에는 뉴클레오티드와 아미노산 분자도 있다. 이렇게 어느 시기에 이르자 바다는 온갖 종류의 새로운 분자로 가득한 수프(Soup)처럼 된다.

중요한 것은 시간

여기서 잠깐 쉬면서, 지금 이야기하고 있는 과정에서 시간이란 것이 얼마나 중요한 의의가 있는지 생각해 보자. 시간이 길면 길수록 일어날 수 있는 일이 일어날 가능성은 많아진다. 그리고 그 반응의 산물이 마침 안정된 것이라면, 그것은 바닷속에서 비교적 영속하는 성분이 될 것이다.

수프가 가능한 것은 생물이 없기 때문이다

바다가 수프처럼 된다고 하는 것은 좀처럼 믿어지지 않을 것이다. 왜냐하면 비교할 만한 그런 일이 없기 때문이다. 만일 그처럼 풍족한 수프가 있다면 생물들이 모두 먹어 치울 것이다. 오늘날 번성하는 박테리아나 굶주린 작은 생물은 언제라도 좋은 먹이만 충분히 주어진다면, 먹이가 바닥날 때까지 마구 불어날 것이다.

따라서 당시의 바다가 수프처럼 될 수 있었던 것은 바다에 생물이 없었기 때문이다.

과거의 일을 실험실에서 재현

지금 필자가 이야기한 것은 물론 가설일 뿐, 그것을 증명할 방법은 없다. 하지만 이와 같은 일이 실험실 안에서 일어날 수 있다는 것을 보여 주겠다. 과거의 상황을 가정하여, 그와 같은 상태를 실험실 안에 만든다는 것은 충분히 가능한 일이다. 30억 년 전에 바닷속에 존재했다고 생각되는 간단한 화합물을 플라스크의 물속에 녹인다. 다음 이 플라스크 속에서 전기방전을 일으켜, 번개로부터 에너지가 공급되던 상태처럼 만든다. 물론 이 실험 장치는 전체를 완전히 멸균 청소하여 어떤 생물의 세포도 남아 있지 않도록 한다. 이제 전기방전을 일으키기 시작하여 플라스크 속의 내용물을 한동안 "요리"한다. 다음에 플라스크 속의 것을 꺼내 그것을 화학적으로 분석, 새로운 어떤 화합물이 생겨나지 않았는지 조사한다.

실제로 이 같은 실험을 통해, 다행히도 그 결과가 완전히 확인되었다. 5가지의 간단한 원소로부터 뉴클레오티드와 단백질이 탄생한 것이다. 이렇게 생명의 사슬을 구성하는 고리가 번개를 에너지원으로 사용한 바다를 닮은 환경 속에서 만들어질 수 있다는 가능성을 보여주었다. 이 실험은 1953년 최초로 스탠리 밀러(Stanley Miller, 1930~2007)에 의해 성공적으로 이루어졌다. 그는 이 실험에 물과 메탄과 암모니아와 수소를 사용했다.

사슬 모양의 분자를 만든다

다음 과정은 DNA나 단백질과 같은 사슬을 만들 수 있도록 고리를 연결하는 것이다. 원시 상태를 이용한 모의실험에서 고리가 생겨났다면, 이번에는 고리들이 이어져 사슬이 이루어지는 실험도 가능해야 할 것이다. 실제로 이 실험도 성공하여, 짧은 사슬이 생겨났다. 그리고 그 물질들은 지금의 DNA나 단백질과 기본적인 화학적 성질에 차이가 없다.

이러한 실험은 어떤 화학반응이 일어났는가를 보여 주는 것이 아니라, 어떤 반응이 일어날 수 있는가를 알려준다는 사실에 주목하자. 이것은 마치 토르 헤위에르달(Thor Heyerdahl, 1914~2002)이 감행한 항해의 실험과도 같은 것이다. 그는 태평양의 여러 섬에 살고 있는 폴리네시아인들이 원래 남아메리카에 살던 사람으로, 배를 타고 서쪽으로 항해해 왔을 가능성을 생각했다. 그리하여 그는 뗏목을 타고 남아메리카를 떠나 태평양의 섬에 이르는 항해를 성공적으로 감행했다(1947년 페루의 카야오항을 떠나 101일 만에 투아모투제도의 랑이로아 환초에 도착함). 이러한 그의 항해 실험은 옛사람이 뗏목을 타고 태평양을 건너갈 수 있다는 가능성을 보여 주었을 뿐이지, 실제로 폴리네시아인이 그렇게 했다는 것을 증명한 것은 아니다.

드디어 세포로

이 시점에서 우리는 하나의 세포로 진행해가는 5가지 결정적인 단계를 상상할 수 있다.

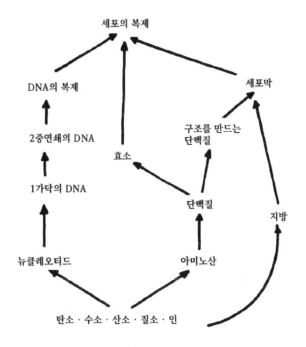

그림 12 | 원자에서 세포가 되기까지

1. 효소의 출현: 효소는 단백질 분자로서, 세포 내에서 일어나는
   모든 화학반응이 보다 빨리 진행될 수 있도록 하는 특별한 성
   질을 가지고 있다. 살아 있는 모든 세포 속에는 수천 종류의 효
   소가 들어 있다. 그 하나하나는 음식물을 분해하거나, 음식물
   이 에너지를 생산케 하거나, 간단한 분자가 복잡한 사슬 분자
   로 되도록 돕는 등, 수없이 많은 일을 하고 있다.

   바닷속에서 생명이 탄생하는 과정은 대단히 느리게 진행되었다. 그러나 효소가 출현함으로써 그 진행은 대단히 빨라졌다. 가장 먼저 생겨난 효소는 아미노산이 우연히 연결되어 생겨난 짧은 사슬이었을 것이다. 하지만 시행착오가 반복되면서 그러한 아미노산의 결합 가운데 반응의 진행 속도를 빠르게 하는 특이한 능력을 가진 단백질이 생겨났을 것이다.

2. DNA가 2중으로 되다: 바닷속의 뉴클레오티드들이 어쩌다 서로 만나 이어짐으로써 그 길이가 점차 길어진다. 이러한 결합은 매우 느리게 일어나지만, 어느 때에 이르러 바다에는 무수히 많은 DNA가 존재하게 된다. 시간이 지남에 따라 의미 있는 배열 방법에 의한 사슬이 조금씩 생겨난다. 의미 있다고 하는 것은 소수의 원시적인 단백질을 조립하게 하는 지침서를 가졌다는 것이다. 원시적인 단백질 가운데는 유용한 효소라든가 효소의 일부분이 있을 것이다.

가냘픈 DNA 분자가 조금씩 길어짐에 따라 그것이 끊어질 위험도 커간다. 그러므로 분자가 보호되고 안정되는 어떤 방안이 생겨난다면 대단히 유익할 것이다. 두 가닥의 사슬이 2중으로 되면 좋겠다. 사슬이 하나하나 독립해 있는 것보다 서로 감겨서 2중으로 되면 손상을 입기가 훨씬 어려울 것이다. 뿐만 아니라 DNA가 2중으로 다발을 만든다는 것은 DNA 복제 과정에 필수적인 것이다.

3. DNA의 복제: 이것은 2중으로 된 DNA 사슬이 자기와 꼭 같은

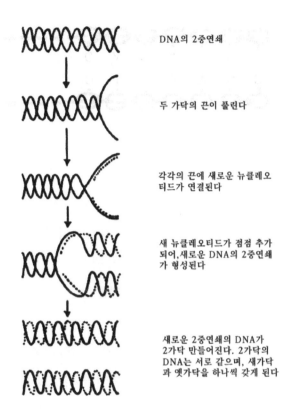

DNA의 2중연쇄

두 가닥의 끈이 풀린다

각각의 끈에 새로운 뉴클레오
티드가 연결된다

새 뉴클레오티드가 점점 추가
되어, 새로운 DNA의 2중연쇄
가 형성된다

새로운 2중연쇄의 DNA가
2가닥 만들어진다. 2가닥의
DNA는 서로 같으며, 새가닥
과 옛가닥을 하나씩 갖게 된다

그림 13 | DNA의 복제

복사물을 만드는 것, 즉 제2의 2중 사슬을 만드는 과정이다. 이 것은 아주 간단히 이뤄진다. <그림 13>에서 보듯이 2개의 가 닥은 마치 로프가 풀리듯 분리되기 시작한다. 이어 풀리고 있 는 두 가닥을 따라 각각 새로운 뉴클레오티드가 차례로 줄지 어 서면서 연결을 이룬다. 새로운 가닥의 뉴클레오티드 순서

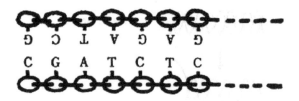

그림 14 | 아데닐산(A)은 언제나 티미딜산(T)과 서로 짝을 이룬다. 구아닐산(G)은 언제나 시티딜산(C)과 서로 짝을 맞는다

는 먼저 있던 가닥의 뉴클레오티드 순서에 따라 정확히 정해진다. 그 방법을 보면, 새 가닥을 만들 새 뉴클레오티드는 반드시 먼저 있던 가닥 위의 것과 반대되는 짝을 이루어 배열한다(그림 14).

이 일이 끝나면, 먼저 있던 가닥과 새 가닥이 서로 반대가 된 상태로 2개의 2중 사슬이 된다. 이때 한쪽 2중 사슬은 다른 쪽 2중 사슬과 조금도 다름이 없다(하나의 세포 속에서 이 과정이 일어나고 나면, 세포는 2개로 분열된 단계가 된다. 세포가 완전히 분열하여 생겨난 2개의 새로운 세포 속에는 제각기 똑같은 2중의 DNA 사슬을 가지게 된다).

DNA 복제라고 하는 일은 DNA 분자와 뉴클레오티드만으로 이뤄지지 않는다. 현재는 물론, 최초의 생명이 시작되던 때도, 모든 세포는 효소를 필요로 한다.

4. 중요한 성분을 포장한다: 세포가 생겨나는 과정 중에서 일어

난 결정적인 일의 하나는 중요한 분자들을 꾸러미로 만들어 포장한 것이다. 이 포장은 DNA와 단백질을 포함한 다른 중요한 분자들을 보호했을 뿐만 아니라, 그들이 서로 가까이 있도록 해서 효과적인 작용을 할 수 있도록 했다. 단백질과 지방질(지방질은 물에 저항하는 성질이 있다)은 세포가 환경으로부터 독립할 수 있게 하는 세포막을 만드는 중요한 재료가 되었다.

5. 세포의 복제: 분자가 자기를 둘러싸는 막을 가지게 되자 그것은 세포와 대단히 닮게 되었다. 그러나 증식할 수 없는 것이라면 세포로서의 기능이 없는 것이다. 이제 증식할 수 있는 본질적인 성분은 모두 가지고 있다. 새로운 세포를 만드는 복제를 위한 정보와 세포의 기능을 다하게 하는 필수적인 효소가 세포막 안에 담겨 보호되고 있다. 이 주머니(세포) 전체를 복제하는 데는 모든 성분을 적절하게 통제하는 극도로 복잡한 조작이 필요할 것이다. 여기에 대해서는 오늘날까지도 잘 알려져 있지 않다. 그러나 세포의 복제가 일단 시작되자, 그 과정은 지금까지 계속되어 왔다.

생명은 단 한 번 발생했다

지금까지 필자는 이 신기한 생명의 탄생에 대해서 단 한 가지로만 일어난 사건처럼 이야기해 왔다. 사실이 그렇게 보인다. 여기에는 2가지 이

유가 있다. 첫째는 오늘날 살고 있는 모든 생물이 예외 없이 꼭 같은 구성 재료(4가지 뉴클레오티드와 20종의 아미노산 등)로 되어 있고, 단백질을 만들기 위한 기구(리보솜, mRNA, tRNA)와 기타의 생명 활동을 위한 기구가 모두 같다는 점이다. 만일 생명이 한 차례가 아닌 몇 차례에 걸쳐 탄생했다면, 1회의 탄생과는 다른 구성 재료와 기구가 생겨났으리라 생각된다. 그러나 모든 생물이 같은 구성 재료와 같은 기구를 가지고 있다는 사실은 생명의 기원이 단 한 번 있었다는 이론을 강력하게 지지해준다.

생명의 기원이 한 번뿐이었다는 것을 믿게 하는 또 하나의 이유는 최초로 발생한 생물이 자신이 창생한 바다의 수프를 대단히 빠른 속도로 먹어 치웠을 것이라는 생각이다. 이때 최초의 생물들은 수천 수억 년에 걸쳐 만들어진 영양이 풍부한 환경을 잠깐 사이에 소비해 버린 것이다. 최초의 작은 단세포생물과 그 자손이 엄청나게 많고 좋은 바다의 먹이를 짧은 시간 안에 다 소모했다는 것은 잘 믿어지지 않을 것이다. 하지만 다음의 사실을 보자.

일반적인 박테리아인 대장균은 생활조건만 좋으면 20분 만에 한 번씩 분열하여 2배로 증식한다. 즉 지금 막 1개의 세포가 분열을 시작한다면, 20분 후에는 2개가 되고, 1시간 후에는 8개가 된다. 그리고 2시간 후에는 64개, 3시간 후에는 512개, 4시간 후에는 4,096개, 그리고 5시간 후에는 32,768개, 이런 식으로 불어나게 된다. 세포의 이러한 증식은 마치 원자의 연쇄반응과 같다. 그러므로 대장균의 경우 24시간 후에는 그 양이 지구 전체 표면을 1.6㎞ 두께로 뒤덮을 만큼 증식할 것이다.

1개의 세포가 기하급수로 불어나다가 증식을 멈추는 것은 먹이를 전부 소모했을 때와 자신의 배설물에 자신이 중독될 때이다. 그러므로 분열 속도가 느린 원시세포라 해도 바다의 영양을 전부 소모하는 데는 그렇게 긴 시간이 걸리지 않는다. 그리고 첫 생명이 탄생하고 난 바다는 더 이상 새로운 형태의 생물이 다시 창조될 여건을 전혀 남기지 않게 되었다.

에너지의 요구

생명이 창조되는 데는 에너지가 절대로 필요하다는 것을 알고 있다. 번개라든가 자외선의 충격은 분자가 결합을 이루어 사슬 모양의 분자를 이루도록 할 수가 있다. 이 과정은 생명의 창조에 기본적이고 필수적이다.

1장의 〈그림 2〉에서 우리는 무질서에 질서를 주자면 정보가 필요하다는 것을 주시했다. 2장에서는 그 정보가 실제로 어떤 것인가에 대해 알아보았다. 지금 우리는 여기에 에너지까지 필요하다는 것을 알고 있다. 그러면 지금부터 생물의 세계 속에서 에너지가 어떻게 흐르고 있는지 더 자세히 생각해 보자.

4장

에너지

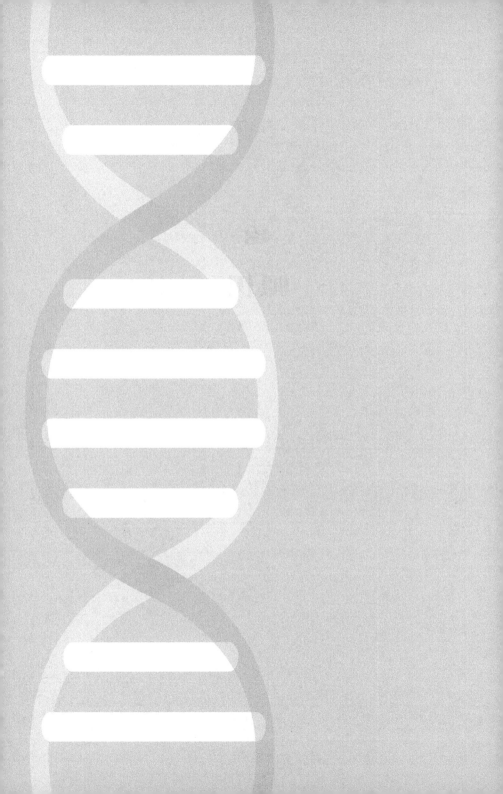

필자의 실험실에 있는 방사선 측정기가 동작하면서 기다리던 수치를 기록해 내고 있었다. 필자는 이 실험을 1년 동안 계속해 왔고, 그 결과가 지금 나오고 있는 것이다. 실험의 내용이란, 에너지는 어떻게 세포 속으로 주입되어 아미노산으로 하여금 사슬을 이루어 단백질 분자가 되게 하는가에 대한 것이었다. 만일 이 실험이 성공한다면, 생물체를 이루는 가장 중요한 물질인 단백질이 조립되는 최초의 단계에 대해서 확실하게 알려 줄 것이었다. 그때, 방사선 측정기가 그려낸 숫자는 필자의 뜨거운 희망에 큰 기쁨을 안겨다 주었다. 과학은 우리에게 기대를 작게 가지도록 가르친다. 그러나 그 순간 필자는 정말로 중요한 발견을 한 것이다. 필자가 이 실험의 성공에 대해 발표한지 얼마 지나지 않아 다른 과학자에 의해 필자의 실험은 재확인되었다. 그리고 이 실험의 성공에 힘입어 그 후 5년간에 걸쳐 실시된 일련의 실험들은 단백질의 합성에 대한 완전한 지식을 발견하게 했다.

4장에서는 이 문제에 대해서 더 깊이 다룰 것이다. 그러나 그전에 동물과 식물이 어떻게 에너지를 이용하는지 좀 더 광범위하게 알아보자.

버드나무는 공기를 먹는다

1630년, 요한 반 헬몬트(Johann van Helmont)라는 사람은 200파운드 무게의 흙에 5파운드 무게의 버드나무를 심었다. 5년 후 버드나무는 무게가 165파운드가 되도록 자랐다. 그러나 흙의 무게는 단 2파운드밖에 줄지 않았다. 이 실험으로 버드나무의 몸을 만드는 재료 물질은 토양에서 얻는 것이 거의 없다는 사실을 증명하게 되었다. 물론 식물에게 있어 뿌리로부터 빨아올리는 물은 절대적으로 필요하다. 헬몬트는 버드나무에 매일 물을 주었고, 버드나무는 그 물을 이용하여 성장했다.

식물이 자라면서 자신의 성장에 필요한 재료 물질을 흙 이외에 어디에서 얻는지 모르는 사람이 지금도 있을 것이다. 그리고 그것을 공기에서 얻는다고 말하면 잘 납득하려 하지 않는다. 그러나 식물은 자신을 구성하는 데 필요한 재료 물질을 공기 중의 이산화탄소로부터 얻고 있다. 물은 식물이 몸을 만드는 작업에 필요한 수소 원자를 제공하는 한편으로 일부는 식물의 몸이 되기도 한다. 오늘날의 우리는 헬몬트의 버드나무가 어찌하여 흙을 거의 사용하지 않고도 성장할 수 있었는지 알고 있다.

식물은 햇빛을 포착한다

이산화탄소가 있다고 해도, 태양빛이 없다면 헬몬트의 버드나무는 시들어 죽고 말 것이다. 태양의 에너지는 이산화탄소가 버드나무의 재료 물질이 되게 하는 과정에 반드시 필요하다.

앞에서, 생명의 탄생을 가능하게 한 에너지는 번개라든가 태양의 자외선으로부터 공급되었다는 것을 살펴보았다. 그런데 세포가 출현하자 곧 전보다 더욱 효과적으로 에너지를 획득하는 수단이 나타났다. 그것은 엽록소 시스템이다. 이리하여 식물은 태양의 에너지를 포착하여 세포 속에 모아놓고 그것을 이용할 수 있게 되었다.

식물의 잎과 줄기, 넝쿨 등이 녹색을 띠고 있는 것은 엽록소를 가지고 있기 때문이다. 엽록소는 녹색의 물질로, 그 분자는 식물의 표면에 도착한 햇빛이 그 속에 포착되도록 원자 배열을 하고 있다. 그리고 엽록소는 근처에 있던 효소와 다른 단백질 분자의 도움을 받아 태양에너지를 전기에너지로 바꾸고, 다시 화학에너지로 변환하여 식물체의 구성에 쓰인다.

세계의 식물이 쉬지 않고 하는 일의 전부를 다음과 같은 간단한 식으로 나타낼 수 있다.

$$빛 에너지 + CO_2 + H_2O \rightarrow 당 + O_2$$

이 공식을 보면, 식물은 태양에너지를 이용하여 물과 이산화탄소로부터 당 분자를 만들어 내고, 이때 산소를 배설물로 방출한다는 것을 말해 주고 있다. 식물은 이때 생긴 당을 연소할 수 있는 에너지원으로 사용하여 식물체를 구성하는 데 사용한다. 즉 식물은 자신의 성장을 위해 자신이 제조한 당을 먹는 것이다.

동물은 식물을 소비한다

동물은 공기 중에 자유로이 존재하는 산소 없이는 생존하지 못한다. 그러나 지구의 원시 대기 중에는 이 유리산소(Free Oxygen)가 없었다. 앞의 공식에 나와 있듯이, 식물은 부산물로서 산소를 내놓는다. 따라서 지상에 식물이 자꾸만 늘어가고 또 수억 년의 세월이 흐르는 사이에 지구의 대기 중에는 대량의 산소가 축적되어 동물이 살 수 있는 환경으로 변했다. 한편 앞에서도 말했지만 대기의 상층에는 오존층이 형성되어 자외선의 위험으로부터 식물과 동물을 보호하게 되었다.

(근년에 와서 에어로졸의 분사제인 불화탄소에 의해 오존층이 손상을 받고 있다. 미국에서만 1년에 30억 개의 에어로졸 캔이 판매되고 있는데, 불화탄소는 오존층까지 올라가 오존을 파괴해 일반적인 산소분자로 만든다. 이러한 결과로 오존층이 약해져 강한 자외선이 지표까지 도달한다면, 생명체를 이루는 DNA가 손상받게 된다)

진화의 어느 단계에 이르자, 동물 형태의 생물이 나타났다. 그들은 2가지 방법으로 식물을 이용했다. 우선 동물은 식물을 식량으로 삼아 식물에 포함되어 있는 당을 섭취했다. 그리고 동물은 식물이 만들어 낸 산소를 호흡했다. 이제 세계의 동물이 활동하는 기초공식을 표현해 보자.

$$당 + O_2 \rightarrow CO_2 + H_2O + 에너지$$

동물이 식물을 먹음으로써 얻는 당은 산소의 도움으로 연소되어 이산화탄소와 물을 만든다. 이때의 연소과정에서는 화학에너지가 나와 동물세포가 자신의 물질을 만들 수 있게 한다. 그러므로 동물은 식물을 섭취함으로써 당을 얻고, 자신은 성장할 수 있다.

식물과 동물은 서로가 필요하다

이제 여러분은 동물과 식물이 전적으로 서로 의지하고 있다는 것을 알았을 것이다. 식물이 만든 산소를 동물은 호흡으로 흡수하고, 식물은 동

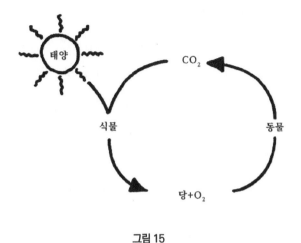

그림 15

물이 배출한 이산화탄소로 자신의 물질을 만든다. 그러므로 식물의 생활 양식과 동물의 생활양식을 서로 연결하는 하나의 양식을 만든다면 〈그림 15〉와 같은 사이클이 그려진다.

이 사이클 양식은 식물의 생활양식을 거꾸로 읽어 가면 동물의 생활 양식이 된다는 것을 설명하는 다른 하나의 방법이기도 하다. 이 그림은 식물의 생활과 동물의 생활이 서로 완전하게 의지하도록 되어 있음을 보여 준다. 그리고 지구상에 동물이 탄생하기 위해서는 먼저 식물이 충분히 번식해야만 된다는 것을 알려준다. 또한 식물이든 동물이든, 모든 생물은 태양에너지에 의지하여 살아간다는 것을 말해 준다. 물론 식물은 태양에너지를 직접 이용하고, 동물은 식물을 통해 간접적으로 이용하고 있다. 만일 태양이 없다면 이 지구는 암흑의 세계일 뿐만 아니라, 생명이라고는 아무것도 없는 죽음의 세계일 것이다.

식물과 동물의 의존관계를 보여 주는 간단한 실험이 있다. 시험관 속에 한 마리의 달팽이와 작은 수초와 약간의 물을 넣고 햇빛이 보이는 곳에 둔다. 이렇게 하면 몇 주일이 지나도 달팽이와 식물은 잘 살아 있다. 달팽이는 수초를 조금씩 뜯어 먹고 CO_2를 내놓는다. 한편 식물은 달팽이가 배출한 CO_2를 호흡하면서 O_2를 배출한다. 이때 달팽이가 배출한 CO_2는 식물의 당을 연소시킨 것이다. 그러나 이 시험관을 어두운 곳에 둔다면 달팽이와 식물은 둘 다 곧 죽는다.

죽음이 삶을 만든다

식물이나 동물이 죽으면, 몸을 구성하고 있던 복잡한 화합물인 단백질과 DNA, RNA 등의 사슬이 파괴(부패)되기 시작한다. 이 파괴 작업은 주로 미생물이 하게 되는데, 미생물은 자신의 생존과 번식에 필요한 물질과 에너지를 이 작업을 통해 얻는다. 이 파괴 작업에서 나오는 주된 배설물은 이산화탄소이며, 이것은 대기 중으로 혼입되어 식물이 살아가는 데 이용된다. 대기 중에 있는 이산화탄소의 대부분은 동식물이 부패할 때 생긴 것이다. 만일 부패라는 현상이 없다면, 이 세상은 온통 동식물의 시체로 뒤덮일 것이며, 모든 생물은 몇 해 지나지 않아 절멸할 것이다.

사슬을 만들 에너지

이렇게 볼 때, 엽록소의 출현이 진화의 역사에 있어 무엇보다 중요한 사건이었다는 것을 알 수 있다. 엽록소가 출현한 이후 지구상의 식물과 동물은 폭발적이라고 말할 만큼 불어났다.

엽록소는 어떻게 태양에너지를 포착하여 세포 내부에서 세포의 구성 물질을 만드는 데 협력할까? 이미 알고 있듯이, 여기서 중요한 의문은 어떻게 고리가 이어져 사슬이 되는가 하는 것이다. 즉 우리가 알고 싶은 것은 에너지가 어떻게 작용하여 사슬의 성장을 가능하게 하는 것인가이다.

ATP는 세포 에너지의 화폐

엽록소가 흡수한 빛에너지는 그대로 이용되지 않는다. 빛에너지는 세포가 사용할 수 있는 화학에너지로 바뀌어야 한다. 모든 동식물에 공급되는 에너지는 아데노신3인산(Adenosine Triphosphate)이다. 이것은 ATP라는 이름으로 더 잘 알려져 있다. ATP는 작은 분자로서, 그 크기와 복잡성은 DNA 사슬의 한 뉴클레오티드 정도이다. 실제로 ATP는 하나의 뉴클레오티드인 아데노신1인산(Adenosine Monophosphate)에 2개의 인산이 더 붙어 있는 것이다.

우선 ATP가 세포 내에서 어떻게 형성되는지부터 알아보자. 〈그림 16〉에서 보는 바와 같이, 빛에너지를 포획하는 엽록소는 빛을 흡수하여

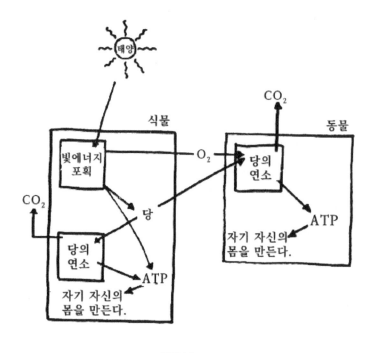

그림 16

그것을 전기에너지로 바꾼다. 그리고 전기에너지는 다시 당이 만들어지는 과정 중에 ATP로 변한다. 이렇게 태양에너지는 결국 ATP 분자 속에 갇혀 보존되는 것이다.

동물의 세포는 엽록소를 가지지 않았다. 그러므로 동물은 식물을 먹음으로써 얻은 당으로부터 ATP를 만들어 내야만 한다. 동물의 세포는 당을 연소시키는 조그마한 방을 가지고 있는데, 식물에서 얻은 당을 그곳에서 산소의 도움을 받으며 연소시켜 ATP를 만든다.

연소

생물체 내부에서 일어나는 연소와 일반적인 물체가 타는 연소 사이에는 중요한 차이가 있다. 즉 후자의 연소는 소비되는 물질(석탄, 석유, 나무, 종이, 당, 기타) 중 에너지가 열의 형태로 방출되는 것이다. 하지만 생물체 내에서의 연소 과정에서는 소비되는 물질 즉 당에서 나오는 에너지가 열이 아니고 ATP로 된다. 동물의 세포 내에서 당이 연소되어 ATP가 만들어지는 과정은 식물의 세포가 빛으로부터 ATP를 만드는 과정과 아주 흡사하다. 당이 연소되면 전류가 발생하는데, 이 전류는 단백질 분자를 따라 흐르는 전자이다. 이와 비슷하게, 엽록소가 햇빛을 흡수하면 전자가 생겨나고 전자는 단백질 분자를 따라 흘러 지나간다.

어느 경우이든, 인산 분자가 아데노신 뉴클레오티드와 결합하여 ATP가 만들어지게 된다. 즉 태양빛을 포획하든, 당을 연소시키든 어느 경우에나 움직이는 전자가 생겨나고 그 전자가 ATP를 만들게 된다.

ATP를 만들기 위한 이 두 가지 중요한 작업은 세포 속에 있는 특수한 작은 방에서 일어난다. 이 작은 방은 독자적인 피막(被膜)으로 싸여 있다. 그래서 이들은 마치 세포 속에 들어있는 더 작은 세포와도 같다. 식물의 세포에 있어서 빛으로부터 ATP가 만들어지는 작은 방은 엽록체(Chloroplast)라고 불린다. 한편 동물세포에서 당을 연소시켜 ATP를 만드는 작은 방은 미토콘드리아라고 불리는 곳이다.

식물은 자신을 위해 당을 생산한다

지금까지의 설명을 보면, 식물은 마치 동물의 행복을 위해 당을 만드는 것처럼 생각될지도 모르겠다. 물론 그럴 까닭이 없다. 당은 광합성 과정에 생겨나는 최초의 중요 산물이다. 그리고 식물이든 동물이든 자신의 몸을 만들기 위해서는 이 당을 연소시켜 더 많은 ATP와 다른 화합물을 만들어 내야 할 필요가 있다. 식물은 이 작업을 미토콘드리아와 비슷한 작은 방에서 실행한다. 그러므로 식물은 실제로 2가지 종류의 에너지 전환 기구를 가지고 있는 셈이다. 하나는 태양에너지를 사용하여 당을 만드는 것이고, 다른 하나는 동물의 기구와 마찬가지로 당을 소비하여 ATP를 만들고, 또 그것으로 식물의 물질을 만드는 것이다.

ATP를 해부하면

이번에는 ATP를 더 자세히 살펴보기로 하자. ATP가 어떻게 작용하는가를 이해하기 위해서는 그 기본적인 특징을 알아야 한다. ATP는 큰 부분인 아데노신1인산(Adenosine Monophosphate, 약칭 AMP)에 작은 부분인 피로인산(Pyrophosphate, 약칭 PP)이 이어져 있는 것이다. 따라서 이 2개의 부분과 그것을 연결하는 화학결합을 나타내기 위해 AMP-PP라고 쓰는 것이 좋겠다. 당이 연소되는 과정 중에 생겨나는 ATP 즉 AMP-PP는 AMP와 PP를 잇는 화학결합 속에 에너지를 보관하고 있다. 이것은 퍼텐셜에너지(Potential Energy)의 하나이다.

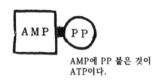

AMP에 PP 붙은 것이
ATP이다.

결합을 끊으면

열이 생성된다

그림 17

이 화학결합에 에너지가 보존되어 있다는 것을 확인하려면, AMP-PP
의 결합을 끊어 AMP와 PP로 만들어 보면 알게 된다. 결합을 끊게 되면
작은 폭발이 일어나 에너지가 방출된다(그림 17). 그런데 AMP-PP에 에너
지가 보관되어 있음을 더욱 인상 깊게 확인하려면, 생체 내에서 이 분자
가 무슨 짓을 하는지 실험으로 알아보는 것이 좋다.

ATP는 고리에 에너지를 주사한다

이 장의 처음에, 단백질의 사슬이 만들어질 때 ATP의 에너지가 어떻
게 사용되는지를 밝히기 위한 실험을 했다는 이야기를 썼다. 이제 이 중
요한 과정의 제1단계를 보다 자세히 알아보자.

ATP(즉 AMP-PP)의 작용 모습을 다음과 같이 상상해 보자. 철사 토막으로 만든 몇 개의 고리를 가지고 그것을 연결하여 사슬을 만든다고 하자. 그러자면 펜치를 가지고 하나하나의 고리 이음부를 조금씩 열어 여기에 다른 고리를 끼워야 한다. 이러한 순서로 반복해서 고리를 이어나가면 사슬이 된다. 이 일이 끝나기까지 여러분은 에너지(물리적인 근육의 에너지)를 소비했다. ATP는 여러분의 손과 펜치가 행한 일과 비슷한 기능을 해야 한다.

고리를 이어 사슬을 만드는 작업에서 ATP가 어떻게 작용하는가를 〈그림 18〉에서 설명한다. 〈그림 18a〉에서 AMP-PP는 사슬의 고리(실재적인 예를 든다면 아미노산 등)와 접촉하려 하고 있다. 그림에는 2개의 고리가 그려져 있는데, 그것은 이 고리가 어떤 도움 없이는 연결될 방법이 없다는 것을 보여 주기 위한 것이다.

최초의 중요한 단계는 AMP-PP 중 AMP 부분이 고리 1개와 결합하는 것이다. 이 과정이 일어나면 PP는 떨어진다. AMP는 PP와의 우정의 손을 끊고, 대신 고리와 손을 잡은 것이다. 이러한 변화가 일어났지만, 에너지 결합은 그대로 유지되고 있다. 단지 AMP와 고리 사이의 에너지 결합으로 바뀌었을 뿐이다.

이렇게 AMP와 결합하게 된 고리를 "활성화되었다(Activated)"라고 말한다. 그 뜻은 고리가 에너지를 얻어 다른 하나의 고리와 반응할 수 있게 되었다는 뜻이다. 〈그림 18b〉는 새로운 결합에서 흘러나온 에너지가 고리의 입을 벌리게 하는 것으로 그렸다. 이렇게 활성화된 상태의 고리는

ATP와, 이어지기를 기다리는 2개의 고리

그림 18a

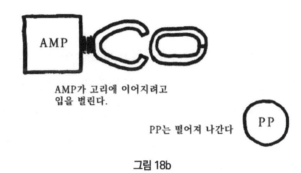

AMP가 고리에 이어지려고
입을 벌린다.

PP는 떨어져 나간다

그림 18b

고리가 이어진다.

AMP가 떨어져 나간다.

그림 18c

불안정하여, 자기와 결합할 다른 하나의 고리를 찾게 된다. 그리하여 〈그림 18c〉에서와 같이 다른 고리와 결합하여 2개의 고리를 만들면서, 동시에 AMP는 떨어져 나간다.

전체적인 결과를 보면 2개의 고리는 서로 이어져 사슬이 되었고, 한편으로 ATP(AMP-PP)는 끊어져 AMP와 PP로 되었다.

에너지는 소중히 보존된다

에너지가 얼마나 조심스럽게 보존되고 있는지 주목해 보자. 만일 우리가 AMP-PP를 화학적으로 분해하여 AMP와 PP로 나눈다면, 에너지는 열이 되어 나올 것이다. 이것은 앞에서도 이야기했었다. 세포도 AMP-PP를 분해하여 AMP와 PP로 나눈다. 두 가지가 최후의 결과는 같지만, 세포에서는 그 에너지가 조립과정 중에 보존된다는 점이 다르다. 조립과정이란 2개의 고리를 잇는 것이다. 그리고 AMP는 미토콘드리아에 돌아와 다시 인산과 결합하여 ATP를 만들게 된다. PP는 특별한 효소에 의해 끊어져 2개의 인산이 되고, 이것은 다시 사용된다.

효소 없이는 아무것도 안 된다

이러한 반응들은 효소의 도움 없이는 일어날 수가 없다. 효소는 세포의 목적에 맞는 속도로 반응이 일어나게 한다. 이 반응의 경우, 단백질 분

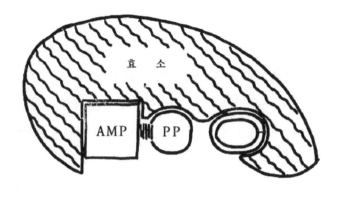

그림 19

자인 효소는 AMP-PP와 사슬의 고리가 바른 위치에서 확실하게 근접하게 하여(그림 19) 반응을 활성화시킨다. 이러한 반응에 참여하는 당사자들이 서로 올바른 위치관계를 가지게 되면, 그 후의 일은 쉽게 진행된다. 만일 효소가 없다면 당사자들의 접근은 완전히 우연에 기대할 수밖에 없다. 그러므로 접근이 이뤄지기까지에는 긴 시간이 걸릴 것이다.

운반 RNA가 재등장

단백질의 사슬이 조립되는 과정 중에서 ATP가 어떤 역할을 담당하는지 설명하기 쉽게, 반응의 진실된 순서를 바꾸어 설명했다. 이제 올바른 순서로 돌아가 보자. 아미노산 고리가 AMP와 결합함으로써 활성화(고리의 입이 열린)되면, 필자가 말했던 것처럼 곧바로 그것이 다른 하나의 아미노산 고리와 이어지는 것은 아니다.

2장에서 설명했던 대로, 그 이전에 아미노산은 운반 RNA(tRNA)와 결합을 해야만 한다. 이때 mRNA는 이 tRNA를 표지(Identity)로 하여 그 아미노산이 어떤 종류인가를 판단, 그에 따라 단백질 사슬의 배열 가운데 어느 위치에 들어가면 좋은지 지정한다. 아미노산은 리보솜 즉 암호를 읽는 기계 위에 바른 순서로 배열된 후에야 비로소 이웃의 아미노산과 연결될 준비가 되는 것이다. 필자가 앞에서 말한 것도 기본적으로는 옳다. 그러나 반응할 준비가 된 고리(입이 열린 고리)는 열린 그대로 tRNA에 전달되고, 이어 리보솜 위에 바른 순서로 배열한 후, 드디어 이웃의 고리와 이어진다고 하는 것이 실제의 순서가 되겠다.

이것은 참으로 교묘한 메커니즘이다. 활성화된 단계에서 아미노산의 고리는 다른 어떤 고리와도 반응할 수 있는 상태가 된다. 그러나 그래서는 안 된다. 고리는 올바른 순서로 배열된 뒤라야 연결된다. 바른 순서로 배열되려면 각 아미노산은 각기 특유의 tRNA와 결합할 필요가 있다. 그리고 아미노산을 활성화하는(열어 주는) 효소는 활성화된 상태에서 아미노산을 바른 tRNA에 연결한다.

이렇게 해서 모든 생물체 내에서 일어나는 단백질 분자의 연결에 에너지가 어떤 구실을 하는지 알았다. 앞에서도 말했지만 단백질은 생물을 만드는 중요한 재료 물질인 동시에 정보뿐만 아니라 에너지를 저장하는 거대한 보고이다. 왜냐하면 단백질을 이루고 있는 고리의 결합은 그 하나하나에 ATP로부터 받은 에너지가 보존되어 있기 때문이다. DNA 분자이든

RNA 분자이든 그 어떤 분자라도 고리가 이어지는 데는 단백질의 경우와 같은 원리가 이용되고 있다.

ATP는 모든 것을 동작시킨다

마지막으로, ATP가 생체에서 어느 정도 널리 퍼져 있는지 알아보자. ATP는 어디서나 사용되는 에너지의 교환 단위이다. 지금까지 우리는 ATP가 분자의 사슬을 조립할 때 어떻게 작용하는지에 대해서만 이야기해 왔다. 그러나 실제로는 우리와 같은 동물의 경우, 하루에 이용되는 ATP 양의 10% 정도만 그러한 용도에 쓰이고, 나머지 대부분은 근육을 움직이는 데 소용된다. 근육의 섬유는 서로 미끄러져 움직임으로써 수축을 일으킨다. 이러한 근육의 운동을 포함하여 다른 과정, 이를테면 세포막을 통해 화학물질을 운반한다든가 하는 일에도 ATP가 필요하다.

필자의 가장 흥미를 끄는 ATP의 용도 가운데 하나는, 그것이 개똥벌레의 등불까지 밝혀 준다는 것이다. 이 기능은 ATP의 작용을 가장 확실하게 보여 주는 것이기도 하다. 어떤 빛이든 빛을 반사하기 위해서는 에너지가 필요하다. 사진을 촬영할 때 쓰는 플래시라면 전지가 에너지를 공급한다. 하지만 개똥벌레의 등불은 ATP가 에너지를 제공한다. 개똥벌레의 발광기관을 몇 개쯤 뜯어내 물속에 넣고 으깬 후, 찌꺼기는 걸러내고, 발광기관의 단백질만 용해시킨 맑은 용액을 시험관에 담는다. 이 시험관을 깜깜한 방에 들고 들어가 여기에 ATP를 소량 넣어 본다. 그러면 시험관

전체가 빛을 낸다. 얼마 후 빛이 약해질 때 ATP를 다시 추가한다면, 몇 번이고 ATP를 넣어 줄 때마다 시험관은 계속해서 발광하게 된다.

이러한 시스템을 조사해 보면, 그 메커니즘은 앞에서 설명했던 사슬을 이어가는 메커니즘과 본질적으로 같다는 것을 알 수 있다. ATP의 AMP 부분이 어떤 단백질에 붙게 되면 그 단백질에 전달된 에너지는 단백질의 형태를 변화시키고, 이 특수한 단백질이 형태가 변하면 빛이 방출된다. 필자의 동료인 윌리엄 매클로이(William McElroy)는 수백 명의 어린이들이 도와준 덕분에 이러한 사실을 발견할 수 있었다. 그때 그는 어린이들에게 부탁해 수많은 개똥벌레를 잡아오게 했고, 100마리마다 1페니씩 주었다. 이것은 25여 년 전의 일이다. 지금은 실험용으로 사육되는 개똥벌레를 싼값으로 쉽게 구할 수 있어 간단히 실험할 수 있다.

화성에 생물이 있을까

지금까지의 이야기를 갑자기 화성으로 끌고 가서 이상스럽게 생각할지도 모르겠다. 하지만 필자가 이 책을 쓰는 동안 지구인들은 바이킹 우주선을 화성에 착륙시켰다. 두 차례에 걸쳐 화성에 내린 바이킹은 기계 팔을 뻗어 화성의 흙을 채취하여 그 속에 생물이 있는지 없는지 조사했다. 여러분은 화성의 생물 유무를 어떤 방법으로 조사했는지에 대한 지식을 이미 가지고 있을 것이다.

화성의 표면 상태는 바이킹 우주선이 보내지기 전에도 상당히 잘 알려져 있었다. 이를 미루어 볼 때, 화성에는 생물이 있다고 해도 육안으로 볼 수 있을 정도의 것은 아니고, 현미경으로나 보일 것으로 짐작되었다. 그래서 바이킹의 기계 손이 채취한 소량의 흙을 조사하기로 되어 있었다.

화성에서 어떤 방법으로 생물을 조사하면 좋을지 궁리해 보자. 만일 필자가 화성에는 이산화탄소가 풍부하다는 조언을 해준다면, 여러분의 방법은 확실해질 것이다. 태양빛만 있으면 이산화탄소를 다른 복잡한 화합물로 만들 수 있는 원시적인 식물을 화성에서 찾아내기만 하면 되겠다. 이것은 화성 착륙선에 마련된 작은 실험실에서도 가능한 일이다. 채취한 화성의 토양 샘플에 방사능 이산화탄소를 공급한 후, 그 방사성물질이 더 큰 분자의 일부분으로 되었는지 아닌지를 조사하면 식물의 유무를 확인할 수 있는 것이다.

또, 동물 비슷한 생물이 있는지를 확인하려면, 토양에 방사능 탄소로 제조한 설탕을 공급해 준다. 그때 만일 토양에서 방사능을 가진 이산화탄소가 나온다면, 그 토양 속에는 당을 연소시킬 수 있는 생물이 있다는 증거가 된다.

화성에 착륙한 바이킹 실험실은 이러한 실험과 이에 관련된 실험을 자동으로 실시했다. 그리고 그 결과를 지구에 알려주었다. 이번 실험에서는 화성에 생명이 있는지 없는지 판단할 결정적인 답을 찾지 못했다(사실상 부정적이었다). 그러나 이번 화성 탐험은 지구 이외의 천체에도 있을지 모를 생물체를 조사하기 위해서는 이 지구상의 생물에 대한 지식이 얼마나 중요한가를 강조해 주었다.

우리는 사슬의 조립이라고 하는 기본적인 작업을 완수하기 위해 정보와 에너지가 어떻게 힘을 합하고 있는지 배웠다. 또 이러한 과정이 어떻게 지구상에서 시작될 수 있었는가에 대해서도 알았다. 이제부터 우리는 자연이 간단한 생물에서부터 시작하여 30억 년이 지난 오늘날 지구상에서 볼 수 있는 정교하고 복잡한 생물을 탄생시키기까지 어떤 숨은 위력을 사용했는지 알아보기로 하자.

5장

변화

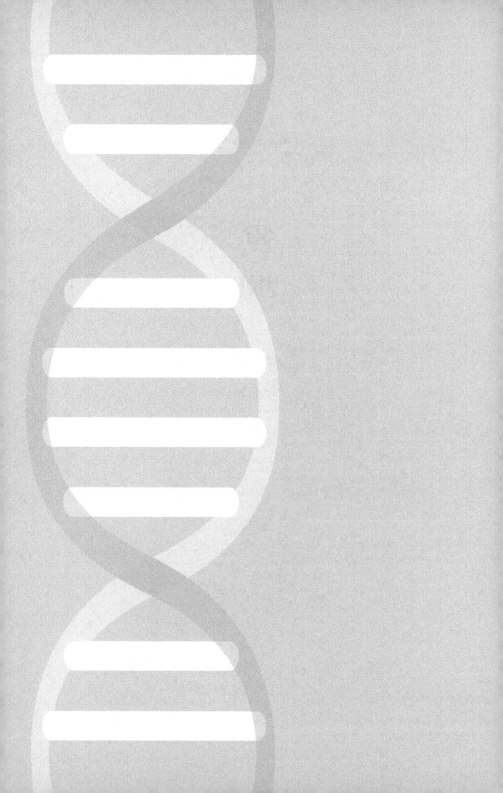

지금까지 우리는 생명에 대한 온갖 원리가 밝혀진 빛나는 시대에 대해서 이야기해 왔다. 그러나 소련(현 러시아)에서는 그 기간 동안 유전과 진화에 대한 사상과 실행(實行)이 한 사람의 사기꾼과도 같은 과학자에 의해 지배되고 있었다. T. D. 리센코(Lysenko, 1895~1976)는 과학자로서 무능하다고 생각되는 과격한 논객이었다. 그는 독재자 스탈린을 설득하여, 획득형질은 유전될 수 있다고 믿게 만들었다. 그리고는 그의 이론을 믿지 않는 과학자가 있으면 권력으로 조용하게 만들었다. 이러한 상황은 스탈린에 뒤이어 흐루쇼프 시대에도 계속 되었다. 1930년대 중반부터 1960년대 중반까지 리센코의 시대가 이런 형태로 진행된 것이다.

　이 기간 동안 소련 정부는 리센코의 이론에 따라, 열대의 식물을 변화시켜 추운 극지에서 재배하려고 시도하거나, 겨울밀을 봄밀 지대에서 키우려 하는 등의 무모한 노력을 계속했다. 그 결과 소련의 농업생산은 형편없는 상태로 떨어지고 말았다. 이러한 리센코의 개념은 유전의 물질적인 기초가 되는 DNA의 역할을 완전히 무시한 것이었다(리센코는 스탈린의 후원을 얻어 반대자를 추방하고 침묵시켜 1938년에는 농업 아카데미의 총재가 되었다. 그러나 결국 그는 소련 정부의 지지를 잃었고, 1956년에는 총재와 기타의 지위에서 물러났다).

　어느 날 필자는 농구 경기를 보던 중 웃음밖에 나오지 않는 리센코의 지난 일을 기억해냈다. 초대하지도 않은 리센코가 갑자기 경기장에 앉은 필자의 머릿속에 나타난 것이다. 만일 이 경기장에 리센코가 있다면, 농구 선수는 연습 때문에 키가 자꾸만 커지고, 그 결과 그들의 자손도 보통 사람보다 키가 커진다는 것을 믿어야 한다고 명령할까? 만일 그 자손이 대대로 농구를 계속한다면 그들의 신장은 더욱 커져 천장에 머리가 닿도록 자랄 것이라고 예언할까?

획득형질이 유전된다는 그릇된 개념이 어떻게 해서 소련 정부의 인기를 얻게 되었는지 그 이유를 이해한다는 것은 어려운 일이 아니다. 이 개념은 씨앗을 기후에 순응시키기만 하면 수확량을 늘릴 수 있다고 주장한다. 그리고 사람은 자신의 신체 발달에 스스로 영향을 줄 수 있고, 또 그로 인한 성과가 자손에게도 전달될 수 있다는 주장도 한다.

그러나 이것은 사실과 거리가 멀다. 프로 농구 선수의 신장이 다른 일반인들에 비해 크다는 것은 완전히 무작위적인 것이다. 단지 키가 큰 사람이 농구 선수로 선택되었을 뿐이다.

5장과 6장에서는 변화와 선택의 문제에 대해서 초점을 맞추려 한다. 즉 생물에서 볼 수 있는 차이(Difference)와 변이(Variation)는 왜 생기는가, 그리고 환경은 어떻게 생물의 형태를 선택하여 살아남게 하는가에 대한 것이다. 생명의 긴 역사를 통해, 생물이 가진 융통성과 적응성, 즉 변화성은 귀중한 재산이었다.

지표(地表)의 환경은 일반적으로 생물에 대해서 적의(敵意)를 가지고 대하며, 끊임없이 변한다. 그러므로 생물에게 있어 변화와 생존은 동의어가 된다.

지금까지 우리가 이야기해 온 것은 바로 진화에 대한 문제이다. 여러분과 필자, 닭, 계란, 농구 선수, 기타 지구상의 생물 전부가 보잘것없는 단세포로부터 시작하여 지금에 이른 것이다.

생물은 진화의 과정에서 2가지 방법으로 변천해 왔다. 즉 하나는 DNA의 돌연변이이고, 다른 하나는 DNA의 성적(性的) 혼합이었다.

한 생물의 DNA가 변화하면, 이미 알고 있듯이, 그 생물 자체가 변화한다. 그리고 변화된 생물이 처할 운명은 그 변화가 환경에 어떻게 대응하는가에 따라 결정된다. 여기서의 "선택의 과정"은 다음 장에서 다루기로 한다.

돌연변이

돌연변이란 DNA의 사슬을 이루고 있는 고리(4종류의 뉴클레오티드) 가운데 하나 또는 몇 개가 변화를 일으킨 것이다(그림 20). 한 개의 고리만 변화가 생겨나도 그것은 앞에서 말했듯이, DNA 정보의 한 문자가 변화된 것이다. 따라서 이 DNA에서 전사된 메신저 RNA도 그 변화된 정보를 가지고 있기 때문에 단백질을 만드는 기구 역시 다르게 읽을 것이다. 그 결과 단백질 사슬 중의 고리(아미노산) 하나가 달라지는 변화된 단백질을 만들게 될 것이다. 따라서 이 단백질의 기능은 보통 단백질의 기능과 차이가 생길 것이다.

돌연변이의 가장 중요한 특징은 DNA가 복사될 때 돌연변이도 복사된다는 것이다. 앞에서 설명했지만, 세포분열이 일어나기 전에 효소는 DNA 고리의 뉴클레오티드를 하나씩 복사하여 새로운 유전자 한 세트를

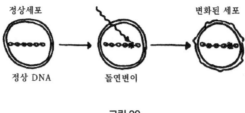

정상세포　　　　　　　　　　변화된 세포

정상 DNA　　　　돌연변이

그림 20

복제한다. 이때 DNA에 발생한 돌연변이도 복사되어 그 변이는 영속된다. 즉 돌연변이 된 DNA를 가지는 세포가 이후로 자손 전체에 퍼지게 된다. 이렇게 해서 하나의 작은 돌연변이는 DNA의 언어 속에 영구히 기록된다.

돌연변이의 원인

돌연변이는 표선이나 자외선과 같은 자연 방사선이나, DNA의 뉴클레오티드 고리에 충격과 손상을 주는 인공 약품에 의해 발생한다. 이렇게 해서 어떤 뉴클레오티드는 다른 종류의 뉴클레오티드로 바뀌기도 하고(그림 21a), 어떤 경우에는 화학적으로 형태가 변하여 4종류의 기본적인 뉴클레오티드가 아닌 다른 것이 되기도 하며(그림 21b), 때로는 사슬 밖으로 쫓겨나기도 한다(그림 21c). 어떤 변화이든 그것은 사슬의 의미가 변하는 것이며, 그때부터 언어가 조금이나마 달라진다.

돌연변이는 완전히 우연하게 일어난다. DNA의 어느 고리에 이상이

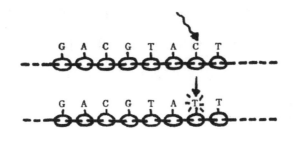

그림 21a

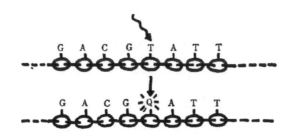

그림 21b

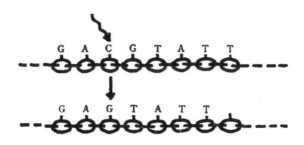

그림 21c

생겨날지 전혀 알 수 없다. 돌연변이는 언제라도, 인간을 포함한 어떤 생물의 DNA 뉴클레오티드에서도 일어날 수가 있다(끊임없이 DNA를 감시하는 대단히 정밀한 효소가 있는데, 이들은 변화가 발견되면 곧 수리를 한다. 그러나 효소가 처리하지 못하는 변화도 있다).

돌연변이의 영향은 체세포와 성세포에 따라 다르다

우리의 몸을 구성하는 체세포는 모두 2개의 완전한 DNA를 가지고 있는데, 하나는 어머니로부터 온 것이고 또 하나는 아버지로부터 받은 것이다. 양친이 자손을 만들기 위해서는 교배라고 하는 특별한 능력을 가진 단독적인 세포를 만들어 그 속에 자신들의 DNA를 담아야만 한다. 교배란 이성의 세포와 결합하여 서로의 DNA를 결합시키는 것이다. 이렇게 특수화된 세포란 수컷의 경우 그것은 정자이고, 암컷의 경우는 난자이다.

우리의 몸 전체를 구성하는 수십억 개의 체세포 가운데 어느 한 세포의 DNA에 돌연변이가 일어났을 때, 거의 대부분의 경우 우리는 그것을 인식하지 못한다. 수십억 개의 세포 가운데 하나의 세포가 손상을 입은 정도로는 그것을 우리가 느끼지 못하는 것이다. 그러나 중요한 예외가 있다. 그것은 정상세포를 암세포로 변화시킨 돌연변이이다. 이러한 변화에 대해서는 뒷장에서 논하기로 하자.

그러나 새로운 개체를 만드는 데 필요한 정자와 난자를 만드는 고환이나 난소의 세포에 돌연변이가 발생한다면 사정은 완전히 달라진다. 만일 정자나 난자 둘 가운데 어느 하나에 돌연변이가 포함되어 있다면, 그 돌연변이는 당연히 수정된 난 속으로 들어가게 된다. 이 수정란이 분열하면, 돌연변이는 모든 자손의 세포 속으로 복사되어 들어갈 것이다. 그 결과 성체의 체세포는 하나도 남김없이 돌연변이의 복사를 가지게 된다. 따라서 성체의 고환이나 난소에서 만들어지는 정자나 난자와 같은 성세포도 모두 돌연변이를 가지게 된다.

그러므로 진화의 의미에서 중요한 돌연변이란 생체의 성세포에서 발생하여 후대에 유전되는 종류의 돌연변이이다.

좋은 돌연변이와 나쁜 돌연변이

돌연변이는 좀처럼 발생하지 않지만, 그래도 그것은 진화의 과정에서 변화를 일으키는 가장 중요한 도구였다. 돌연변이는 생물체의 단백질에 변화가 생긴 것인데, 생물체가 환경에 적응하는 데 다소 도움이 되는 변화였다면 그것은 유익한 돌연변이이다. 이렇게 유익한 돌연변이는 인간을 포함한 모든 생물에서 지금도 일어나고 있다. 그러나 유익한 돌연변이는 좀처럼 발견되지 않는다. 즉 단백질의 아미노산이 변화하여 그 단백질의 기능이 보다 좋아지는 DNA의 돌연변이는 잘 발견되지 않는다. 그리고 미미한 개선은 판가름하기조차 용이하지 않다.

그런데 우리가 쉽게 발견할 수 있는 돌연변이는 거의 해로운 것이다. 유익한 돌연변이와는 완전히 반대로 나쁜 결과를 초래하는 돌연변이가 쉽게 발견되는 것이다. 그것은 결함, 약점, 질병으로서 나타난다. 우리는 거의 매일 돌연변이로 발생하는 새로운 인간의 병을 발견하고 있다. 이러한 병은 그 종류가 대단히 많지만, 개인적으로 볼 때는 드문 일이다.

어느 경우든 병의 근본 원인은 성세포의 DNA에 일어난 돌연변이로서, 정자와 난자를 통해 다음 세대에 전해진다. 다음 세대에서는 체세포 전부가 돌연변이를 복사하게 된다. 가장 자세히 조사된 예가 낫세포적혈구빈혈증(Sickle Cell Anemia)이다. 이 병은 헤모글로빈이라는 단백질 분자를 담당하는 유전자의 DNA에 돌연변이가 일어난 것이다. 우리의 폐에서부터 온몸의 세포로 산소를 운반하는 것이 적혈구인데, 헤모글로빈은 이 적혈구를 구성하고 있는 단백질이다. DNA에 발생한 이러한 돌연변이는 메신저 RNA에 복사되어 적혈구에 결함을 만드는 헤모글로빈을 생산하게 된다. 그 결함이란 헤모글로빈 분자의 사슬 가운데 1개의 아미노산에 변화가 생긴 것이다.

이 변화 때문에 헤모글로빈 분자는 그 모습이 바뀐다. 적혈구 속에 이렇게 변형된 헤모글로빈 분자가 많이 있으면 적혈구의 막이 죄어들어, 적혈구 자체의 모습이 바뀌고 때로는 낫과 같은 모습이 된다. 이렇게 변형된 적혈구는 혈관을 찌르고 파괴하여 심각한 병을 일으키게 된다.

돌연변이는 대부분이 해로운 것이라는 데 대해서 놀랄 필요는 없다. 이렇게 생각해 보자. 현재 살고 있는 온갖 생물의 몸에 들어 있는 정보는 30억 년에 걸친 진화의 역사가 축적된 결과로서, 세계의 모든 위대한 시인이 남긴 작품 전부를 합한 것보다 복잡정교하다. 그런데 어느 작품의

한 문자라든가, 한 단어, 또는 한 구(句)를 함부로 변형시켰을 때, 그 결과로 작품이 한층 좋아지기란 지극히 어려운 일이다. 대부분의 경우는 그 반대로 작품이 손상된다. 대부분의 생물학자들이 핵무기의 확산이라든가 원자력발전소의 증설, 돌연변이를 유발할 가능성이 많은 공업화학제품의 증산 등에 대해 염려하는 것은 이 때문이다.

이 지구상에 축적된 DNA는 글로 표현할 수 없을 만큼 귀중한 재산이다. 진화는 두 번 다시 되풀이되지 않는다. 30억 년의 진화가 남긴 작품에 상처를 준다는 것은 잔학행위이다. 그 행위는 세계의 위대한 예술가가 남긴 작품에 손상을 주는 것보다 더 나쁜 것이다.

DNA의 성적 혼합

돌연변이는 기회주의적이고 무차별적이며, 또 거의 유해하다. 하지만 돌연변이는 진화에 있어 DNA를 변화시키는 충분한 수단이 된다. 그런데 생물에게는 DNA를 손상시키지 않고 DNA를 변화시키는 더 좋은 방법이 필요했다. 이 목적을 달성할 수 있는 이상적인 방법이란 다른 종류의 DNA를 서로 섞어 DNA를 변화시키는 것이다. 만일 2개의 다른 세포가 만나 각각의 DNA를 서로 결합하는 데 동의한다면, 한 DNA의 유전자와 다른 DNA의 유전자를 직접 연관시켜 그 두 세포로부터 유전자를 받는 자손을 탄생하게 할 수 있다. 이것은 진화의 거대한 진전의 단계가 된다.

DNA를 변화시키는 이 방법이 가진 가장 큰 장점은 진화에서 성공한

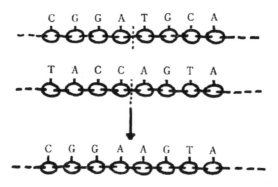

그림 22 | 위의 DNA 왼쪽 절반과 아래의 DNA 오른쪽 절반이 이어져 새로운 DNA가 되었다

것으로 증명되는 DNA의 조각(유전자)만을 도입하여 변화를 일으킬 수 있다는 것이다. 변화에 관계하는 DNA는 어느 것이든, 그것은 진화의 테스트에 성공하여 그 생존이 보증된 것이기 때문에, 이러한 결합에 의한 변화는 일반적으로 좋은 결과를 얻는 변화가 될 것이다. 반대로 돌연변이에 의한 DNA의 변화는 이미 배운 바와 같이 유익하기보다 해로운 경우가 훨씬 많다.

세포의 융합

대단히 오래전 과거의 어느 시대에 2개의 세포 속에 있는 DNA가 하나로 되는 어떤 사건이 일어났음이 분명하다. 아마 고대의 수프(Soup) 속에 살던 세포들이 여러 차례 반복 접촉하는 사이에 어쩌다 서로 달라붙게 되고, 드디어 세포끼리 서로 유착되는 융합(融合)이 일어났을 것이다. 융합이란 2개의 세포가 접촉되는 지점에서 피막인 세포막이 파괴되고 그 내용물이 혼합되는 것을 의미한다. 그 결과 생겨난 1개의 커다란 세포의 행동은 이후부터 양쪽 세포의 단백질에 의해 지배되었을 것이며, 그리하여 양쪽 세포의 DNA가 한 세포 속에 들어가게 되었다.

이와 아주 비슷한 일이 지금이라도 실제로 일어나고 있다. 그것을 〈그림 23〉에 나타냈다. 몸의 서로 다른 부분에서 취한 세포라든가, 다른 동물의 세포, 예를 들자면 사람의 세포와 병아리의 세포를 실험실 내에서 서로 융합할 수 있다. 그렇게 하면 세포는 2배 양의 DNA를 가지게 되고, 그런 세포가 세포분열을 하게 되면 그 자손도 양적으로 2배의 DNA를 가지게 된다.

성의 탄생

세포가 융합할 수 있다고 하는 사실은 한 세포의 DNA가 다른 세포의 DNA와 결합하는 초기의 방법을 짐작할 수 있게 한다. DNA가 혼합되는 최초의 방법은 성(性)의 시작이라고 간주할 수 있겠다. 그리고 이것은 진화의 과정에 있어서 가장 훌륭한 진보의 하나로, 태양에너지를 받아들이는 능력을 가진 엽록소의 출현에 필적하는 중요한 사건이라 하겠다. 왜냐하면 그것은 생물이 변화하고 적응하며 다양화되어 갈 가능성을 폭발적으로 증대시켜 주었기 때문이다.

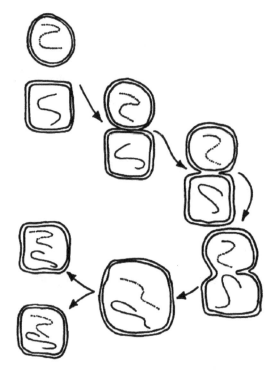

그림 23 | 2개의 다른 세포가 융합하여 각각의 DNA를 공동의 세포막 내부에 담는다

세포가 여전히 수프 속에서 단세포의 상태로 살고 있을 때 일어났다고 생각되는 다음 단계의 상황은, 보다 특수하고 또 쓸모 있는 세포 사이에서 접촉이 일어난 것이었다. 세포와 세포가 접촉하는 것은 우연이었다고 하더라도, 만일 어떤 세포의 피막 형태가 다른 세포와 결합하기 편리한 상보(相補)적인 형태였다면 그들의 접촉은 보다 쉬웠을 것이다. 세포와 세포 사이의 상호작용에서 상보적인 것이라고 하는 것은 2가지 뚜렷한

세포의 집단이 나타난 것을 의미한다. 즉 하나는 수컷의 기본적인 성격을 가진 것이고, 다른 하나는 암컷의 특징을 가진 것이다.

세균의 교배

이 현상에 해당하는 것이 오늘날 우리가 실험실에서 볼 수 있는 세균의 성적 교배이다. 이것은 진화의 초기 단계와 아주 흡사해 보인다. 어떤 박테리아의 세포는 수컷적인 즉 제공자의 성격을 가지고, 어떤 세포는 암컷적인 수용자의 성질을 갖는다. 또 두 형태의 세포는 그 표면의 막이 상보적이며, 서로 이끌게 되어 있다. 예를 들면 한쪽 세포의 막이 불룩불룩 나와 있다면 다른 세포의 막은 오목오목 들어가 있다(그림 24).

상대적인 성의 세포가 서로 만나면, 접촉되는 막을 통해 터널이 형성되어 결국 내부가 서로 통하게 된다. 그렇게 되면 수컷 즉 제공자 세균은 암컷인 수용자 세균 측으로 터널을 통해 자신의 순수한 DNA를 제공하게 된다. 이러한 과정은 느리게 진행되어, 수컷의 모든 DNA가 암컷 속으로 완전히 들어가는 데는 약 2시간이 걸린다. 일반적으로 수컷의 DNA 가운데 일부분이 암컷 속으로 들어갔을 때 교배가 그만 끝나고, 2개의 세포는 각각 떨어져 나온다(그림 24). 그러므로 암컷의 DNA는 암컷세포 내에 변함없이 남아 있게 된다.

실험실에서는 암수 세균이 교배 상태로 부유하고 있는 용액을 격하게 휘저음으로써, 그 교배를 중단할 수 있다. 이 방법으로 우리는 수컷의 유

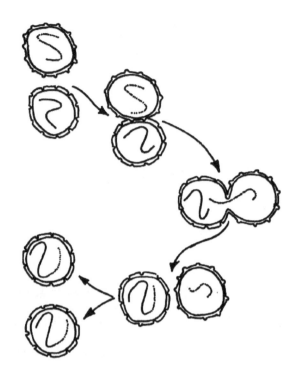

그림 24 | 수컷세포와 암컷세포가 교배한다

전자가 암컷 속으로 들어가는 양을 마음대로 조절할 수도 있다. 여기서 중요한 것은 암컷 속으로 들어간 유전자가 암컷의 유전정보의 일부로 저장되는 것이다. 그렇게 되면 수컷으로부터 들어간 유전자는 암컷 유전자의 바로 뒤에 이어진다. 그리고 이렇게 된 암컷세포가 나중에 분열하게 되면, 그 딸세포도 암컷과 수컷의 합해진 유전자를 갖게 되고, 이후 그 자손은 모두 같은 유전자를 가지게 된다.

이것이 성의 시작이다. 박테리아의 교배는 확실히 성의 목적, 즉 다른 근원으로부터 온 DNA와 결합한다는 목적을 달성하고 있다.

단세포 이상의 생물의 성

생물이 단세포 상태를 넘어 복잡한 모습의 단계에 이르면 두 세포가 단순히 접합하는 것만으로는 DNA를 혼합하기가 불가능해진다. 그리하여 성적으로 DNA를 결합할 수 있는 특별한 방법이 필요해졌다.

하지만 목적은 전과 다름이 없다. 즉 한 생물의 DNA를 가진 단세포와 다른 생물의 DNA를 가진 단세포를 결합하는 것이다. 그리하여 암컷은 난소를, 수컷은 고환이라고 하는 특별한 기관을 발달시켰고, 각각의 기관은 단일세포인 난자와 정자를 생산하게 되었다. 이들 세포는 세균과 마찬가지로 서로 만나면 융합되도록 구조가 만들어져야 할 것이다. 그래야만 그들의 유전자는 하나의 세포 속에 모이는 수정란이 되는 것이다.

이제 앞서 이야기했던, 체세포는 전부 동일한 두 세트의 DNA를 가지고 있다는 사실을 상기하자. 한 세트는 어머니로부터 받은 것이고, 한 세트는 아버지로부터 받은 것이다. 만일 정자와 난자가 모두 체세포와 마찬가지로 두 세트의 DNA를 가지고 있다면, 정자와 난자가 합쳐져 만들어진 새로운 개체의 세포는 모두 4세트의 DNA를 가지게 될 것이다. 이것은 아무래도 무리한 이야기다. 그러므로 체세포에 들어 있는 DNA의 양은 정자나 난자로 포장되기 전에 DNA의 양을 절반으로 나누어야 할 것

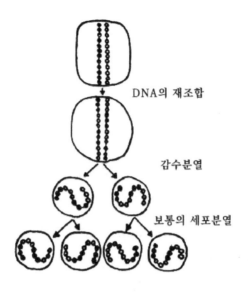

DNA의 재조합

감수분열

보통의 세포분열

그림 25

이다. 이 필수적인 과정이 고환과 난소에서 일어난다. 이때 기본적인 두 세트의 DNA(한 세트는 아버지에서, 한 세트는 어머니에서)를 가진 세포는 마치 트럼프를 섞듯이, 두 세트의 DNA를 혼합시켰다가 그것을 2등분하여 어느 것이든 어머니로부터의 유전자와 아버지로부터의 유전자가 같은 양씩 혼합된 2개의 DNA를 만든다(그림 25).

그리하여 이 세포가 2개로 분열되면, 혼합된 DNA 하나하나는 각기 다른 딸세포를 만들게 된다(이 특수한 세포분열을 감수분열이라 부른다. 실제로는 DNA로 이뤄진 염색체의 수가 반씩 나뉜다). 이러한 딸세포의 자손이 수컷의 정자와 암컷의 난자이다. 이렇게 해서 개개의 정자와 난자는 아버지의 유전적 특징과 어머니의 유전적 특징이 마구 혼합된 한 세트의 DNA를 갖는다. 그 후 정자와 난자가 결합하게 되면 수정된 세포는 완전하게 두 세트의 DNA를 가지게 된다.

대단히 중요한 이 과정은 이해하기가 상당히 어려우므로, 그림을 보며 다시 한번 설명을 듣기로 하자(그림 26). 이 그림은 정자와 난자가 합쳐지는 수정에서부터 시작된다.

1. 정자와 난자는 각기 한 세트의 완전한 유전자를 가지고 있다.

2. 정자와 난자가 결합하여 수정란이 되면, 유전자는 어머니로부터 온 것 1세트와 아버지로부터 온 1세트가 합쳐져 2세트로 된다.

3. 수정란은 분열하여 세포분열을 반복하고, 드디어 완전한 성체가 된다. 성체는 수십억 개의 세포이며, 모든 세포는 수정란이 가지고 있던 유전자와 같은 2세트의 유전자(아버지와 어머니로부터 받은 각 1세트)를 가지고 있다.

4. 성체의 고환과 난소에 있는 성세포 속에서, (a) 어머니로부터 온 1세트의 유전자가 아버지로부터 온 1세트의 유전자와 혼합된다. 그리고 (b) 성세포는 특수한 분열(감수분열)을 한다. 이때 만들어지는 2개의 딸세포에는 각각 1세트의 혼합된 유전자(어머니와 아버지로부터 온 것)가 남게 된다. 이들 세포가 발육하여 정자와 난자가 되고, 이들은 새로이 사이클로 진입하게 된다.

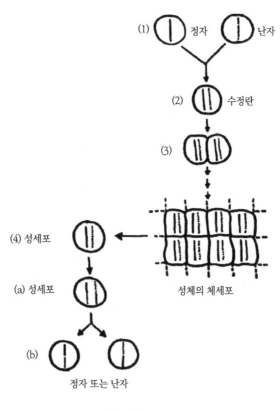

(1) ①정자   난자

(2) 수정란

(3)

(4) 성세포

(a) 성세포

성체의 체세포

(b)

정자 또는 난자

그림 26

필자는 이상의 경과를 트럼프에 비교하여 다음과 같이 설명하고 싶다.

1. 정자와 난자는 각각 잘 섞은 트럼프 1세트(52매)를 가지고 있다.
   트럼프는 서로 같은 종류이지만, 상하의 포개진 순서는 완전
   히 다르다. 순서는 각 DNA 중 염기의 순서에 해당된다.

2. 정자와 난자가 합쳐져 수정란이 되며 그중에는 2세트의 트럼 프가 들어간다.

3. 세포분열이 반복되어 수십억 개의 체세포가 만들어진다. 이 세 포는 모두 2세트의 트럼프를 갖는다.

4. 성체의 성세포에서는

   a. 2세트의 트럼프가 하나로 합쳐져 104매의 세트가 되고, 이 를 잘 섞는다.

   b. 이 104매의 세트는 꼭 절반으로 나뉘어 52매짜리 2세트가 된다. 성세포는 2개로 분열하여 각각의 딸세포에 1세트씩 트럼프를 나누어 준다.

DNA를 혼합하는 다른 방법─DNA 재조합

진화에 사용되는 DNA의 혼합법을 소개하면서, 과학자들이 달리 발 견한 DNA의 혼합기술에 대해서 조금 이야기하려 한다. 그것은 DNA 재 조합(Recombinant)에 대한 연구이다. 과학자들이 연구용으로 쓸 유전자 를 대량으로 얻기 위해 찾아낸 이 기술은 여러 가지 생물의 DNA를 재조 합하는 것으로, 이 분야의 연구는 오늘날 대중의 큰 관심을 끌고 있다.

세균은 커다란 DNA 조각(염색체) 외에 플라스미드라고 부르는 조그마 한 DNA 분자를 가지고 있다. 이 플라스미드의 DNA는 모양이 곧지 않고 고리로 되어 있으며, 아주 쉽게 세균 밖으로 나가기도 하고 안으로 들어

올 수가 있다. 플라스미드의 이러한 2가지 성질이 DNA 재조합 연구에 이용된다.

플라스미드를 어떤 종류의 효소로 처리하면 고리가 열리게 된다(〈그림 27〉에서는 플라스미드의 크기를 과장해서 그려두고 있다). 그때 다른 데서 가져온 일반적인 곧게 생긴 DNA 조각을 이 열린 플라스미드 DNA와 혼합시키면 2개의 DNA가 서로 결합하게 된다. 실제로는 플라스미드 DNA와 보통의 DNA가 결합된 커다란 고리가 만들어진다. 예를 들어 이때 만일 다른 데서 가져온 DNA 조각이 사람의 세포에서 가져온 것이라면, 우리는 사람의 DNA 조각을 가진 박테리아의 플라스미드를 얻게 된다. 이것이 바로 DNA 재조합이라 불리는 것이다.

이렇게 만든 혼합플라스미드를 세균의 세포 속으로 다시 들어가게 할 수가 있다. 혼합플라스미드를 가진 세포가 분열을 반복하여 증식하게 되면, 낯선 유전자를 지닌 플라스미드도 역시 불어나게 된다.

이러한 기술을 이용하는 과학자의 목적은 본질적으로 화학자가 말하는 "Scaling-Up"(양을 크게 늘림)의 과정과 비슷하다. 즉 실험에 사용할 특별한 유전자를 대량으로 입수하는 것이다. 많은 생물학자들은 이 방법을 두고서 생물학 연구 분야에서 지금까지 발견된 도구 가운데 가장 가치 있는 것의 하나라고 생각한다. 이 방법은 배발생에 있어서 유전자가 하는 역할이라든가, 암을 조정하는 이상한 유전자를 연구하는 데 있어서 대단히 중요한 구실을 담당하게 될 것이 분명하다. 이 방법은 또한 인슐린처럼 의학에 필요한 단백질 유전자 생산물의 대규모적 생산에 이용될 가능

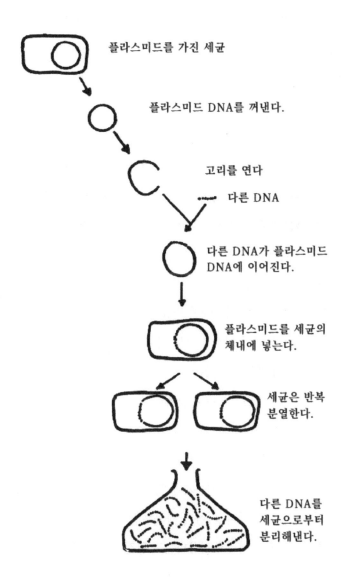

플라스미드를 가진 세균

플라스미드 DNA를 꺼낸다.

고리를 연다

······ 다른 DNA

다른 DNA가 플라스미드
DNA에 이어진다.

플라스미드를 세균의
체내에 넣는다.

세균은 반복
분열한다.

다른 DNA를
세균으로부터
분리해낸다.

그림 27 | DNA 재조합법에 의한 유전자의 대량생산

성도 있다. 그리고 먼 미래에 가서는 세균을 이용해 인간의 유전자를 증식한 후, 그것을 이용하여 유전자를 대치(Replacement)시킴으로써 특수한 유전자의 결함 때문에 일어난 유전병 환자를 치료할 가능성도 생각할 수 있다.

진화란 다양성이 끊임없이 증가해 가는 역사이다. 계속되는 DNA의 돌연변이적 변화와 끊임없는 DNA의 성적 혼합은 개체 간에 많은 차이를 만들었다. 개체 간의 차이가 축적되어감에 따라 DNA의 성적 혼합은 유사한 생물체 사이에서만 일어나게 되었다. 이렇게 하여 새로운 종(Species)이 독립적으로 진화하게 되었고, 그 후에는 DNA의 성적 혼합이 하나의 종에 속하는 것들 사이에서만 일어나게 되었다.

이렇게 각각의 종은 자신에게 필요한 1세트의 유전자를 보존하면서, 한편으로 외부로부터 유전자가 너무 많이 모여들지 않도록 했다. 그리고 같은 종에 있어서 개체 간의 차이와 종 사이의 차이는 그 밑바닥에 변화를 계속하는 DNA가 있기 때문이란 것을 기억해야겠다.

이제 변화에는 대단히 큰 제한이 따른다는 것을 인정해야 한다. 무의미한 변화여서는 안 된다. 변화된 생물이 성공하는가 실패하는가는 환경이 그 변화를 어떻게 받아들이는가에 달렸다. 환경은 생물학적 변화의 의의를 판정하는 심판관이다. 다음 장에서는 돌연변이와 성, 그리고 환경의 선택이 진화과정에서 어떻게 작용하는지 완전히 파악해 보자.

6장

선택

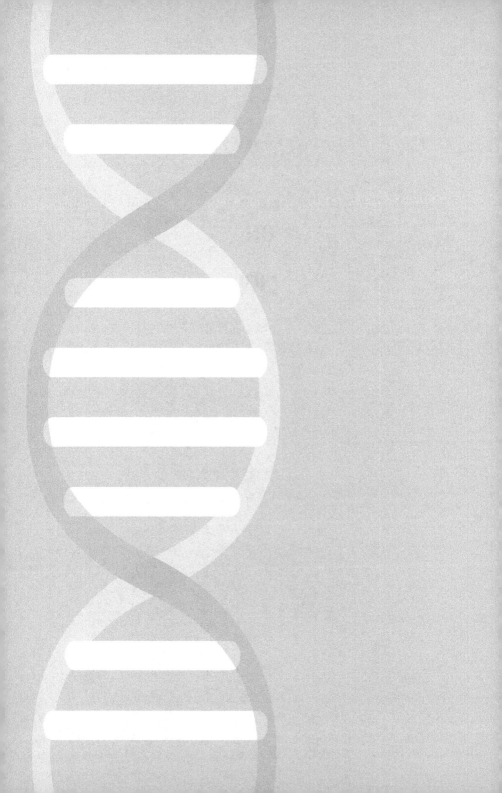

한 사람은 비대하고 한 사람은 깡마른 두 사람이 있다고 하자. 그들의 나이와 건강상태는 비슷하다. 이 두 사람이 추운 북대서양 바다에 빠졌다면, 비대한 사람이 살아남아 육지를 다시 볼 가능성이 많다. 그 이유에는 2가지가 있다. 비대한 사람에게는 지방질이 많은데, 지방은 고래나 물개가 증명하듯이 열을 통하지 않는 뛰어난 절연체이기 때문에 추위를 잘 막아준다. 그리고 지방은 물보다 가볍기 때문에 뚱뚱한 사람일수록 물 위에 쉽게 오랫 동안 떠 있을 수 있다.

어떤 생물이 가진 특성이 생존에 가치가 있는 것인가 아닌가는 그 특성을 현재 살고 있는 환경과 관련시켜 생각해 보아야만 말할 수 있다. 몸에 지방을 많이 저장하고 있다는 것은 대부분의 경우 유리하지가 못하다. 그렇지만 그 사람이 찬 북대서양의 바다에 빠진다면, 바다가 비만의 가치를 판단하는 재판관이 된다. 그리하여 바다에 빠진 것에 대한 판단의 결과는, 지방이 많다는 것은 생존에 가치가 있다는 것이 된다.

환경과 변화

지금 이야기한 비대한 선원과 여윈 선원의 예는 필자가 이야기하려는 것을 극적으로 표현한다. 그러나 변화와 환경과의 핵심적인 관계를 알기 위해서는 집단과 그 자손을 여러 세대에 걸쳐 관찰해야 한다. 어떤 특별한 환경 속에 살고 있는 양친이 어떤 변화된 DNA를 그 자손에 전한다면, 그 자손과 그 손자 그리고 이후 계속되는 세대는 ⑴ 양친과 같은 정도로

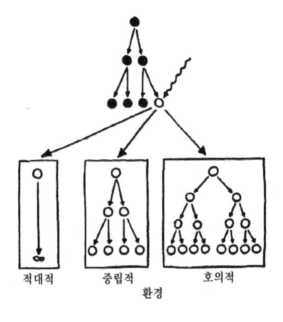

적대적   중립적   호의적

환경

그림 28

살아가든가 ⑵ 양친보다 잘 살든가 ⑶ 양친보다 살아가기 나쁘든가 할 것이다. 이것을 몇 대에 걸쳐 분열하는 세포를 사용하여 그림으로 나타내면 〈그림 28〉과 같이 된다.

DNA에 일어난 변화가 "성공"했는가 안 했는가를 측정하기란 원리적으로는 간단하다. 변화가 일어나고부터 몇 세대가 지났을 때 살고 있는 개체의 수를 헤아리면 된다. 만일 변화가 갓 일어났을 때의 개체수보다 그로부터 몇 세대 후의 개체수가 늘어났으면 그 DNA의 변화는 유익한, 즉 성공한 것이다. 반면에 개체수가 줄어들었다면 그 변화는 반대로 해가

된 것이다.

어떤 종이나 집단이 행복하게 살고 있는데 환경이 갑자기 바뀌는 경우를 생각해 보자. 그럴 경우 그들의 자손은 ⑴ 더욱 불어나거나 ⑵ 감소할 것이다. 만일 감소하는 경우라면, 그 생물의 DNA에 어떤 변화가 일어나 새로운 환경 속에서도 잘 번식할 수 있는 변종을 만들지 않는다면 그들은 결국 소멸되고 말 것이다.

변화와 선택 사이의 그러한 단순한 관계가 진화의 열쇠가 된다. DNA가 변화했다는 것은 단백질의 변화를 뜻하며, 단백질이 변화했다는 것은 생물의 변화를 의미한다. 변화된 생물은 자신이 선택하지 않은 환경 속에 놓여 있더라도 그 생물체에 일어난 변화가 자신이나 자손을 전보다 살기 좋게 하는 것이라면 그들은 번영할 것이다. 그러나 반대로 불리한 변화가 생겼다면 그 생물은 멸망해 갈 것이다. 자연환경은 생물을 선택한다. 즉 보다 좋은 재질을 가진 생물에 대해서는 호의적이나 그렇지 못하고 불리한 재질을 가진 개체에 대해서는 저항적이다.

진화에서 성공이냐 실패냐 하는 것은 앞에서 말한 북대서양에 빠진 비대한 사람과 마른 사람처럼 하나의 개체만으로, 그리고 즉시에 판가름 나는 것은 아니란 것을 기억해 두자.

요컨대 환경은 어떤 생물이 가진 자손을 남기는 능력에 영향을 준다는 것이 가장 중요한 요점이다. 생물에게는 번식력 그것이 성공과 실패의 결정적인 기능인 것이다.

우연

우연이 진화의 주역을 맡고 있다는 것을 다시 한번 생각하자. 돌연변이에 의해서 DNA가 어떻게 변하는가는 완전히 우연이다. DNA의 성적 혼합에 의해 양친의 어떤 특징이 자손에 나타날 것인가 하는 것도 우연의 결과이다. 또한 어떤 암수가 서로 만나 교배하게 되는가도 우연이다. 그리고 어떤 환경이 어떻게 변화된 생물체를 선택할 것인가도 우연이다. 따라서 생명의 모든 뿌리는 우연 속에 묻혀 있는 것이다.

빈 병 이야기로 돌아가

1장에서 말한 해변의 빈 병 이야기를 상기하면서, 빈 병들을 생물들이라고 상상해보자. 빈 병에 변화를 준 우연 즉 "빈 병의 돌연변이"는 뚜껑이 닫혔다는 것이다. 여기에 관련된 "환경"이란 바다이다. 바다에는 뚜껑이 닫힌 병과 뚜껑이 없는 병이 여럿 떨어졌다. 여기서 바다는 뚜껑이 없는 것은 해저로 가라앉혔고, 뚜껑이 닫힌 것은 해면을 떠다니다가 결국 해안으로 떠밀려 올라와 살아남게 했다.

그런데 변화와 선택을 설명하는 데 있어, 우리가 빈 병을 예로 들었다는 것은 부적당하다는 것을 알게 된다. 왜냐하면 빈 병은 생식력이 없기 때문이다. 만일에 번식능력을 가진 몇 개의 빈 병이 뚜껑을 닫은 채 바다에 떨어져 뚜껑이 없는 다른 많은 빈 병들과 함께 부유하다가 해안에 올려져 거기서 교배하고 번식하는 것이 가능하다면 적절한 예가 되겠다. 만일 그렇게 된다면 살아남은 빈 병들은 해안에서 번식하여 번영하는 병들의 집단을 만들 것이다.

번식력을 가진 뚜껑이 닫힌 병의 한 단계 발전된 진화에 대해서 생각해 보자. 그 해변이 세월이 지남에 따라 돌밭으로 변했다고 상상하자. 그래서 병들은 높은 파도에 휩쓸려 깨진다. 얇은 유리로 된 대부분의 병들은 두터운 병만큼 견디지 못한다. 따라서 얇은 유리병은 두터운 유리병에 비해 파도에 대한 저항에는 분명히 불리하다. 일부는 자손을 남기지만 대부분은 그러지 못한다. 설령 자손이 태어난다고 해도, 해변의 돌에 부서져 얇은 병은 결국 소멸해간다. 그리하여 몇 세대가 지나는 사이에 해변에는 두터운 유리병만 남게 된다.

나방

몇십 년 전, 어떤 종류의 흰 나방이 영국의 버밍엄 근처에서 번성하고 있었다. 이 흰 나방은 자작나무의 하얀 수피에 붙어서 살았다. 그러므로 나방은 새들의 눈에 띄지 않아 잘 번성할 수 있었다(그림 29a). 몇 해가 지나는 사이에 버밍엄이 중공업도시로 변했다. 그에 따라 자작나무의 수피는 대기에 오염되어 점점 검게 변했고, 그 때문에 흰 나방은 눈에 잘 띄게 되고 말았다. 이제 흰 나방이 수피에 붙어 쉰다는 것은 바로 새의 밥이 되기를 기다리는 것이었다. 결국 나방 집단은 점점 감소하기 시작했고 드디

그림 29a | 흰 나방이 흰색의 수피 위에서 산다

그림 29b | 검은 수피에 붙은 흰 나방이 새의 눈에 잘 띈다

그림29c | 검은 나방이 검은 수피위에 붙어서 산다

그림 29d | 검은 나방이 흰 나방을 대신한다

어는 멸종의 위기에까지 이르렀다(그림 29b).

이때 회색의 날개를 가진 나방이 출현했다. 이 변종은 회색으로 변한 수피의 색과 흡사한 날개를 가졌기 때문에 잘 위장할 수 있었다(그림 29c). 그리하여 회색의 나방이가 점점 증가하기 시작하더니 드디어 전 지역에 널리 번성하게 되었다(그림 29d).

이 이야기는 생물체와 환경과의 관계를 아주 멋지게 설명한다. 검게 변한 수피와 나방을 잡아먹는 새는 흰 나방에게 불리한 환경이 되어 나방의 수를 감소시켰다. 이때 우연히 돌연변이가 일어나 검은 나방을 탄생시켰다. 그전처럼 수피가 하얗던 때라면, 그러한 돌연변이는 나방에게 오히려 해가 되었을 것이다. 그러나 수피가 검게 변해버린 지금에 와서는 그 돌연변이가 반대로 유리해져 검은 나방은 쉽게 교미하고 많은 자손을 남길 수 있게 되었다. 이것은 환경의 변화와 우연한 돌연변이가 서로 작용하여 한 지역에 살던 나방의 특징을 완전히 바꾸어 버린 좋은 예이다.

세균도 마찬가지

세균은 진화적인 변화 즉 자연선택을 연구하는 데 아주 훌륭한 실험 모델이 된다. 세균은 순계이다. 다시 말해 어느 세균집단의 개체는 모두가 단 하나의 세포에서 분열되어 나온 자손들이기 때문에 전부가 동일하다. 또 30분 정도 만에 새로운 세대가 태어나기 때문에 짧은 시간 내에 여러 세대에 걸쳐 집단을 추적할 수가 있다.

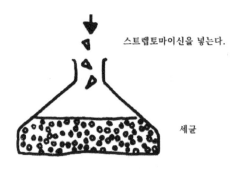

스트렙토마이신을 넣는다.

세균

그림 30a

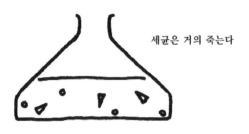

세균은 거의 죽는다

그림 30b

내성을 가진 세균이
불어난다

그림 30c

실험실의 유리 플라스크 속에 세균의 순계 집단을 넣고, 영국의 버밍엄에서 있었던 흰 나방 일과 비슷한 실험을 해보자. 일단 세균에게 불리한 환경을 만들어 준다. 플라스크 속 액체에 항생물질인 스트렙토마이신을 1방울 넣어본다(그림 30a). 이 약품은 세균을 죽이는 힘을 가지고 있기 때문에, 세균의 성장은 곧 정지되고 죽어가기 시작한다. 몇 시간 후이면, 모든 세균이 죽은 것처럼 보인다(그림 30b).

아직도 살아 있는 세균이 있는지 조사해 본다. 수백만 개체의 죽은 세균 사이에 지극히 작은 수인 몇 개체의 세균이 살아남은 것을 발견한다. 그리고 이 소수의 살아남은 세균은 스트렙토마이신 속에서도 꾸역꾸역 불어난다는 것을 발견하게 된다(그림 30c). 그들은 이 약품에 조금도 개의치 않는다. 스트렙토마이신에 저항하는 성질(내성)이 유전되고 있는 것이다. 소수의 살아남은 세균에서 번식해 나온 자손은 모두 스트렙토마이신에 저항하는 내성을 갖고 있다.

이 현상을 설명해 보자. 수억의 개체가 있는 이렇게 큰 세균집단 중에서는 스트렙토마이신에 대한 내성을 가지는 돌연변이가 나타날 가능성이 1천만 개체에 하나쯤 있는 것이다. 물론 그러한 개체는 스트렙토마이신이 있든지 없든지 관계없이 나타난다. 이것은 순전히 우연하게 일어난 DNA의 변화인 것이다. 만일 거기에 스트렙토마이신이 없었더라면, 우리는 그러한 돌연변이가 나타난 것을 모를 것이다. 그러나 만일 거기에 스트렙토마이신이 있었더라면 저항성을 가진 개체들만이 선택되어 살아남을 것이다. 즉 내성을 가진 생물체는 선택되어 유리한 입장에서 분열을 계속하여 우세한 집단을 이루게 된다. 반면에 원래의 세균은 이 특별한 환경 가운데서 살아남을 수단이 없어 죽고 만다. 이 이야기는 본질적인 면에서 앞서 말한 흰 나방의 경우와 같다.

수프로 다시 돌아가서

2장에서 우리는 지구에 있던 영양이 풍부한 수프 속에서 최초의 세포가 탄생했고, 그 자손들이 수프를 열심히 먹는 것을 상상했다. 이제 생물의 먹는 능력에 대해서 좀 더 넓혀 생각해 보자. 생물은 특수한 효소를 이용, 당과 같은 화합물을 소화하여 거기서 에너지를 얻는다. 만일 세포 안에 효소가 없다면 당은 이용될 수가 없다. 또 우리들의 위장 속에 중요한 소화효소가 없어도 당의 이용은 불가능하다. 즉 우리가 음식물을 손에 넣어 입속으로 집어넣는다고 해도 효소 없이는 그것을 연소시킬 수가 없는 것이다.

지구상에 처음으로 나타난 세포는 수프 속에 있는 한 가지 또는 몇 가지 종류의 당과 같은 화합물을 소화할 능력이 있었다. 그러나 수프 속에 있는 다종다양한 화합물 전부를 이용하는 능력은 없었다고 생각하는 것이 타당할 것이다. 그래서 세포는 자신이 소화할 수 있는 물질을 남김없이 먹어 치우고는, 이후 분열을 중단하고 "가사(假死)상태로 들어간다. 오늘날의 세균도 그들의 먹이가 되는 필요한 화합물을 얻지 못하면 번식을 중단하고 대기상태로 들어간다. 수십억이라고 하는 세균이 수프 속에서 기다리는 동안, 그들 중에서 우연히 돌연변이가 생길 수 있다. 만일 돌연변이 중에 어떤 변이가 다른 화합물을 이용하는 능력을 세균에게 주는 것이라면, 세균은 다시 번식을 시작할 것이다. 이렇게 하여 수프 속에서는 끊임없이 돌연변이가 일어나 결국 모든 수프를 다 소모하게 할 것이다.

야외에서의 진화

우리가 지금까지 생각한 예는 "실내에서의 진화"라고 해도 좋겠다. 하나의 집단 속에서 일어난 하나의 변화와 그 변화를 받아들일 것인가, 버릴 것인가 하는 선택 사이에는 분명히 상호관계가 있다. 우리가 실험실에서 사용하는 생물은 본질적으로 순계이다. 즉 그들은 유전적으로 동일하여 최소한 돌연변이가 일어나기 전까지는 모든 개체가 완전히 같다.

우리 주변의 자연계에서도 같은 원리가 적용되는데, 여기서는 상황이 복잡하다. 자연계에서는 순계를 찾기가 지극히 어렵다. 실제로 생물계에는 엄청난 개체의 차이, 즉 변이가 있다. 이것은 다윈을 놀라게 했으며, 우리 자신에게도 놀라움을 줄 것이다. 변이란 생물의 종 사이에서 보는 차이가 아니라, 하나의 종에 속하는 개체 간의 차이이다. 하나의 종에 속하는 개체가 가진 어떤 특징을 조사하려면 거기에는 대단한 변이가 있음을 발견하게 된다. 우리 인간만 하더라도 이 사람과 저 사람은 서로 너무 다르다. 동물도 이와 마찬가지로, 털의 굵기라든가, 달리거나 기어오르는 속도, 이빨의 길이와 날카로운 정도, 키, 무게, 힘, 시각, 후각, 이성에 대한 매력 등등 모든 것이 크게 다르다.

그러나 만일 순계로 사육된 생쥐 사이에서 그러한 형질의 차이를 찾으려 한다면 전혀 아무런 변이도 발견하지 못하고 말 것이다. 순계의 모든 개체는 동일한 것이다. 변이란 것은 진화가 일어나게 하는 장본인이다. 다윈과 월레스는 그러한 변이가 일어나는 원인(DNA의 돌연변이와 성적 혼합)을 알지 못했지만 변이의 중요성을 먼저 인식하고서 거기서부터 그들의 이론을 발전시켜 나갔다.

이제 여러분의 시야를 좀 더 넓혀 다음과 같은 생각을 해봐야겠다. 진화의 역사에서 어느 시기의 어떤 한 집단을 보면, 그들이 지닌 DNA의 가운데는 대단히 많은 수의 변화가 축적되어 있다. 이 집단은 과거에 일어난 DNA의 변화 전부와 과거의 환경이 행한 선택의 전부를 축적하고 있는 저장고이다. 집단 가운데 개체 사이에 큰 변이가 있는 것은 바로 이 때문이다. 그리고 이 변화와 선택의 작용이 집단의 발전을 더욱 추진해 간 것이다.

변화의 예를 한 가지만 들어 보자. "달리는 능력"을 예로 택하는 것이 좋겠다. 넓은 초원에 초식동물이 큰 무리를 지어 살고 있다. 그 가운데는 필요에 따라 대단히 빨리 달릴 수 있는 것에서부터 그렇게 빠르지 못한 것까지 큰 차이가 있을 것이다. 평원의 이곳저곳에 많은 사자가 살고 있다면, 발이 빠른 종일수록 살아서 자손을 남길 기회가 많아질 것이다. 그러므로 여러 세대가 지나도록 환경의 변화가 없다면, 집단 속에서는 빠른 동물의 서식 비율이 높아질 것이며, 따라서 무리의 평균주행 속도가 높아질 것이다.

이 외에도 동물의 여러 가지 특징이 출현한 그 배후에는 같은 성격의 요소가 작용했다는 것을 알 수 있다. 다음을 보면서 스스로 생각해 보자.

환경의 변화	선택에 유리한 특징
삼림에서 넓은 평원으로	잘 달리는 다리
평원에서 육식동물이 있는 평원으로	빨리 달리는 다리
삼림의 지면에서 나무 위로	나뭇가지를 잘 붙잡는 팔
육지에서 공중으로	가벼운 뼈, 긴 팔과 깃털
따뜻한 곳에서 추운 곳으로	모피와 땀샘
육식에서 초식으로	짧고 풀을 잘 뜯는 이빨

진화는 목적을 가지고 있는가?

진화를 이해하는 데 있어서 나타나는 하나의 문제는 진화의 메커니즘이 우연한 것임에도 변화가 목적을 추구하는 것으로 보인다는 것이다. 예를 들어 보자. 만일 작은 종류의 동물이 많이 사는 환경 속에 어떤 동물이 살게 된다면, 그 동물은 다른 동물을 잡아먹기 좋게 이빨이 육식성의 이빨로 변해갈 것이다. 이러한 변화는 목적적인 것처럼 보인다. 즉 마치 환경이 동물에 지시하여 그 동물에 유익한 변화가 일어나도록 한 것 같다. 실제로 T. D. 리센코와 스탈린, 흐루쇼프, 그리고 소련(현 러시아) 전체가

근 30년에 걸쳐 과학의 희극 속에 말려들어 갔던 것은 바로 이러한 소망적 사고 때문이었다.

사실이 어떻든, 환경이 동물의 집단에 변화가 일어나도록 지시할 수 있는 방법은 있을 것 같지가 않다. 실제로 방법이 없다. 동물의 한 집단에서 여러 가지 형태와 크기의 이빨을 볼 수 있는 것은 우연한 변화의 축적에 불과하다. 매 세대가 지나면서 다른 동물을 잡아 그 살코기를 씹어 먹기 편리한 이빨의 구조를 가진 동물이 생존하고 자손을 남길 가능성은 많아질 것이다. 이렇게 수십 세대, 수백 세대가 지나는 사이에 선택은 계속되어, 점차 육식성 동물로 종의 진화가 일어났을 것이다. 이 과정에 목적이란 전혀 없다.

"선택"이라는 말은 오해를 일으키기 쉬운데, 그것은 아마도 그 말속에 목적의 의미가 포함되어 있기 때문일 것이다. 환경이란 완전히 수동적인 것이다. 환경이 임의로 유리하거나 불리한 변화를 일으키는 것이 아니다. 우연히 발생한 변화(돌연변이와 성의 혼합)가 그 동물로 하여금 환경에 더 잘 적응하도록 도움을 준 것이다.

앞에서 나온 나방 이야기를 다시 생각해 보자. 수많은 흰색의 나방 가운데 이따금 회색의 나방이 나타난 것은 전적으로 우연한 사건이며, 회색의 나방이 "필요"했던 것과는 관계없는 일이다. 회색의 나방이 나타난 비율은 수피가 흰색일 때나 회색일 때나 변함이 없다. 즉 나무가 회색의 돌연변이가 나타나도록 지시한 것이 아니다. 하지만 수피가 검은색일 때 나타난 회색의 돌연변이는 훨씬 생존이 쉬워졌고, 회색의 자손을 남길 가능성이 커진 것이다.

검은 수피에 붙은 회색의 나방과 새와의 관계는 사자가 있는 넓은 평원에 사는 발이 빠른 동물에 해당한다. 만일 여러분이 이러한 기본적인 관계를 이해한다면, 다윈과 월레스가 지구상의 온갖 생물을 관찰한 후에 발견했던 그 훌륭한 진화의 원리를 여러분도 이해할 것이다.

인간의 돌연변이와 선택

인간 역시 세균이나 나방과 마찬가지로 돌연변이와 성의 선택에 의해 더 단순한 생물에서부터 진화해 왔다. 이러한 진화의 과정을 어떤 면에서는 지금도 찾아볼 수 있다. 인간에게서 일어나는 어떤 돌연변이는 질병의 형태로 나타난다. 그 질병 중에는 몸속에서 중요한 구실을 맡고 있는 단백질의 변화 때문에 일어나는 병이 있다. 단백질에 변화가 생기면 병이 나는 것이 당연하다. 이러한 원인으로 발생하는 특수한 유전병이 지금까지 많이 알려져 있는데, 그러한 유전병들은 어떤 하나의 단백질(일반적으로는 하나의 효소)이 제구실을 올바르게 하지 못하기 때문에 생긴다. 하나의 예로 낫모양적혈구빈혈증이 있다. 이것은 5장에서 이미 소개했는데, 이 병은 DNA에 일어난 돌연변이적 변화가 정상적인 것과 다소 다른 헤모글로빈 분자를 생산하게 한다. 이 변화된 헤모글로빈 분자는 적혈구세포의 모양을 변형시켜 신체에 병을 일으킨다.

이 병에 걸려서는 좋을 것이 하나도 없다. 하지만 아프리카에서 말라리아가 풍토병으로 발생하는 지방에 사는 사람 가운데 낫모양적혈구빈혈증에 걸린 사람은 절대 말라리아에 걸리지 않는다. 말라리아의 원인은 모기에 의해 전파되는 기생충 때문이다. 이 기생충은 적혈구에 구멍을 뚫는 성질이 있어, 그 때문에 여러 가지 성가신 증상을 일으킨다. 그러나 이 기생충은 낫모양을 한 적혈구는 싫어하고 긴강한 징상적인 적혈구만을 공격하는 성질이 있다.

낫모양적혈구빈혈증과 말라리아 사이의 이 관계는 변화된 생물체(이 경우는 인간)와 환경 사이의 관계가 얼마나 미묘한가를 다시 한번 확인하게 해준다. 낫모양적혈구빈혈증에 걸린 사람은 진화의 면에서 볼 때 절대적으로 불리한 입장에 있는 것이 확실하다. 그러나 말라리아가 번창하는 나라에서라면, 다른 사람이 말라리아에 걸려 더 큰 고생을 하는 것에 비해 유리한 입장에 있다고 하겠다.

종의 다양성

어디를 둘러보더라도 거기에는 여러 종류의 생물이 생존을 위한 활동을 부지런히 하고 있는 것을 볼 수 있다. 한 숟가락의 흙이나 물속에서도, 높은 산이나 지하 깊은 곳에서도, 온천수와 추운 툰드라에서도, 바닷속이나 공중에서도, 건조한 사막에서도, 한증탕처럼 덥고 습기 찬 정글에서도 생물은 살고 있다. 그리고 거기서는 상상할 수 있는 모든 종류의 생물과 상상조차 할 수 없는 생물의 온갖 진화의 모습을 찾아볼 수 있다. 감각하는 것, 먹는 것, 운동하는 것, 통신, 사랑, 싸움, 방어 그리고 생식에 이르는 모든 면에서 진화의 모습을 찾아볼 수 있는 것이다. 그러나 오늘날 우리가 지구상에서 볼 수 있는 진화의 양상은, 지금은 사라지고 없지만 과거에 생존했던 온갖 생물들까지 다 포함한다면, 그것은 극히 일부분에 불과하다. 공룡은 수억 년에 걸친 진화의 과정, 즉 탄생-성공-실패-소멸의 과정을 거친 수많은 생물 가운데 기념비적인 존재이다.

변화와 선택이라는 것으로 생물의 다양함과 복잡함을 모두 설명할 수 있을까? 여기에 대해서 우리가 가지고 있는 지식은 보잘것없기 때문에, 우리가 대답할 수 있는 것은, 변화와 선택이 생물을 끊임없이 복잡하게 만들어 왔다는 사실이다. 이것은 좋은 설명이다. 어떤 생물이 가지고 있는 능력을 증가시키는 변화는 그 생물의 생존율을 증가시킨다.

확신을 가질 수 있는 문제가 한 가지 있다. 만일 우리가 지금으로부터 20억 년이나 30억 년 전에 살면서 그때 장래를 예상해 본다고 한다면, 우리의 예언은 실재와 아주 딴판이 되었을 것이다. 우선 어느 누구도 인간이 출현하리라고 예상치 못했을 것이며, 인간뿐만 아니라 어떤 다른 생물에 대해서도 그러한 생물의 출현을 예상할 수 없었을 것이다. 그 이유는 진화의 모든 단계가 예언 불가능한 우연의 결과이기 때문이다.

인간을 포함한 모든 생물은 수없이 많은 변화가 낳은 산물이다. 그러므로 우리 인간이 지금과 같은 모습을 하게 될 것이라고 상상한다는 것은 절대로 불가능하다. 설명을 바꾸어 보자. 같은 지구상에서 같은 조건으로 진화가 처음부터 다시 시작된다고 할 때, 그때도 다시 인간이 진화되어 나올 가능성은 무한히 적다. 좀 더 이야기한다면, 지구 이외의 다른 우주 어딘가에 우리와 닮은 생물이 존재할 확률도 같은 이유로 무한히 적다. 우주의 어느 다른 천체에 생물 비슷한 것이 존재할 가능성은 크지만, 그 생물이 우리가 알고 있는 생물과 비슷할 가능성은 역시 아주 적은 것이다.

인간의 존재를 변화와 선택이라는 것으로 충분히 설명했다고 결론을 내려 보자. 과학이라는 것은 언제나 충분하면서도 간단한 설명을 좋아한다.

7장

배발생

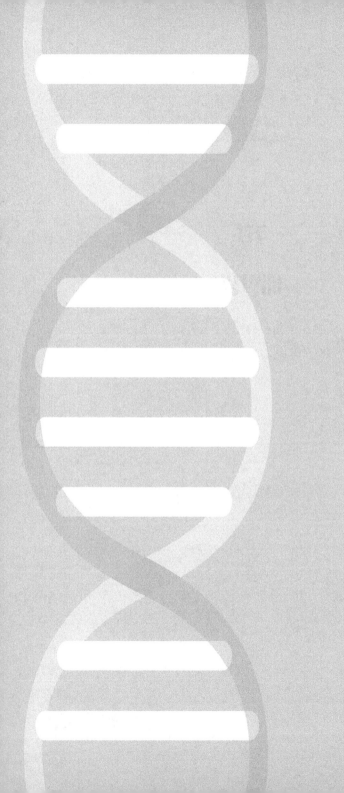

생물학의 여러 분야 가운데 가장 매력적이고 도전하고 싶은 분야는 배 (胚)의 창조를 다루는 배발생에 대한 것이다. 배발생학은 수정란인 한 개의 세포로부터 복잡한 다세포의 생물체로 변화해 가는 단계를 취급하는 분야이다. 배발생의 운명은 DNA 속에 기록되어 있다. DNA는 더할 나위 없이 정교하게 조화된 발생의 단계에 대한 설계도를 제공한다. 그런데 지금 필자가 말하고자 하는 것은 우린 아직 이 신비스러운 과정에 대해서 잘 모르고 있으며, 다만 그 주변을 겨우 탐험하고 있을 뿐이라는 것이다.

세포는 서로 결합하고 특수화한다

수정란은 가장 단순한 단세포생물과 마찬가지로 분열하여 2개의 세포를 만드는 것부터 생활을 시작한다. 이어서 이 2개의 세포는 각각 분열하여 4개가 되고, 다시 분열하여 8개, 16개, … 이런 식으로 늘어간다. 단세포생물을 관찰해 보면, 세포가 분열한 뒤에는 각기 떨어지게 된다. 그러나 하나의 수정란으로부터 생겨난 자손은 떨어지지 않고 서로 달라붙는다. 그들은 마치 자신들이 하나의 공동사업에 참여한다는 것을 알고 있는 것처럼 보인다(그림 31).

이어서 나타나는 또 하나의 현상은 세포들의 모습과 행동이 다른 몇 가지 무리로 나누어진다는 것이다. 그리고 나뉜 몇 가지의 세포 무리는 특수화하여 제각기 특별한 임무를 맡는다. 이렇게 특수화되어가는 과정은 반대 방향으로 진행되는 일이 없다.

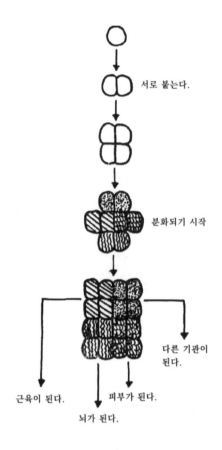

서로 붙는다.

분화되기 시작

다른 기관이
된다.

근육이 된다.

피부가 된다.

뇌가 된다.

그림 31

　　배발생의 초기 과정에서 나타나는 2가지 특징, 즉 세포가 서로 결합하는 것과 특수화하는 것은 발생의 과정에서 가장 중요한 현상으로 생각된다.

차이의 기원

지금까지 우리가 배운 법칙은 모든 생물에 적용되는 것으로, 긴 세월을 지나는 동안에 생물체가 어떻게 해서 점차 다양하게 되었는가를 결정하는 법칙이었다. 모든 생물은 자신에 대한 정보를 DNA 속에 저장하고, 그것을 전령 RNA 속에 기록하며, 그 전령 RNA를 단백질로 번역한다. 더욱이 돌연변이나 성의 혼합으로 일어난 DNA의 변화는 단백질을 영구적으로 변화시키게 되고, 그 때문에 생물체 사이에는 차이가 나타나고, 그 차이는 점점 축적되어 결국 새로운 종을 만들어 내게 되었다.

배발생은 좁은 공간 속에서 그리고 짧은 시간 내에 일어나는 진화와 몇 가지 점에서 비슷한 데가 있다. 어떤 동물의 배가 여러 발육 단계를 거쳐 발생해 가는 과정을 관찰해 보자. 그 동물은 이 성체를 닮은 모양을 갖추기 전에 물고기를 닮은 시기를 거친다. 그것은 외형만이 물고기를 닮은 것이 아니라, 초기의 배는 수중호흡에 이용되는 진짜 아가미까지 갖는다. 배는 산소와 영양분을 모체와 연결된 탯줄을 통해 공급받기 때문에 아가미가 필요치 않다. 그런데도 왜 배가 이와 같은 진화 과정 중의 한 단계를 재현하게 되는가에 대해서는 확실한 대답이 어렵다고 생각된다.

배발생 과정 중에 분화는 어떻게 일어나는가, 즉 세포들은 어떻게 해서 어느 것은 피부세포가 되고, 어느 것은 근육세포가 되며, 또 신경세포와 기타 다른 종류의 세포로 되는가? 이러한 의문에 대해서도 자연은 진정한 모습을 잘 보여 주지 않는다. 자연은 세포 속에서 일어나는 정보처리 과정에 대해서는 많은 것을 우리에게 가르쳐 주었다. 그러나 세포를 분화시키는 것은 무엇인가 하는 의문에 대해서는 지금껏 거의 아무것도 가르쳐 주지 않은 상태에 있다. 과학자 중에는 배의 발생에 대한 신비를 풀어보기 위해서 전혀 새로운 개념과 방법이 필요하다고 믿는 사람이 있다. 그러나 필자는 그렇게 생각하지 않는다. 세포가 각기 다른 기능을 갖는 세포로 분화되게 하는 것은 우리가 지금까지 발견해 낸 것보다 훨씬 복잡한 기구이기 때문일 것이다.

배발생에 대한 의학의 깊은 관심

배발생에 대한 이해는 의학에서 대단히 중요한 문제가 된다. 단 1개의 세포가 완전한 하나의 개체로 변해간다는 것은 의학자들의 호기심을 이끄는 가장 중요한 문제의 하나이기도 하지만, 그보다 더 중요한 면이 있다. 그것은 배발생에 대한 이해가 불임, 수태조절, 유아 사망률, 선천성 질환, 유전병, 암 등에 관련된 여러 가지 문제를 한층 더 잘 컨트롤하는 방법을 찾는 것과 관계가 있다는 것이다. 그리하여 과학자들은 배발생에 대한 이해가 의학의 많은 난문제를 해결하는 근본적인 방법이 될 것이라는 예감과 기대를 가지고 있다.

세포가 달라붙는 현상

수정란이 분열을 시작하면, 분열된 세포들은 서로 달라붙는다는 것을 앞에서 이야기했다. 무엇이 그들을 달라붙게 할까? 달라붙는다고 하면 모두 접착제를 생각할지 모르겠으나, 여기에는 접착제가 관계되지 않는다. 세포의 표면이 까칠까칠해지고, 그것이 마치 갈고리같이 작용하여 서로 붙게 된다고 설명하는 것이 좋겠다. 실제로 세포의 DNA는 그 세포의 단백질 생산 기구에 지시하여, 세포 외부에 까칠까칠한 갈고리 구실을 하는 특수한 단백질을 만든다. 세포가 각각 다른 몸의 부분으로 특수화되어 가는 데 따라 세포 표면의 단백질인 까칠까칠한 갈고리도 특수화된다. 그로 인해 특수화된 세포는 서로 동료를 식별하게 된다.

배발생에 필요한 에너지

생체 내에서 일어나는 모든 건설작업에는 반드시 에너지가 필요하다는 것을 알고 있을 것이다. 발육을 계속하고 있는 배에서는, 배의 세포가 ATP를 생산하는 데 필요한 당이 공급되어야 한다. 물고기, 파충류, 새, 기타 동물에서처럼 배가 난(卵) 속에서 성장하는 경우에는 난황으로부터 배가 필요로 하는 영양이 공급된다. 그러나 어미의 자궁 속에서 성장하는 동물은 다른 방법으로 영양을 공급받는다. 모친의 자궁 내벽과 배 사이에 태반이 만들어져 배와 보조를 맞추어 성장한다. 태반은 모친의 혈액과 발육하는 배의 혈액이 만나는 곳이다. 여기서 혈액은 모친이 먹은 음식(영양)을 배로 운반해 간다. 이렇게 배는 자신의 건설계획에 필요한 에너지를 손에 넣게 된다.

같은 정보가 모든 세포에 전달된다

수정된 난은 부친과 모친으로부터 받은 DNA를 전량 가지고 분열을 시작한다. 분열이 반복되어 생겨난 세포들은 모두 동일한 전량의 DNA를 갖는다. 이것은 성체가 될 때까지 계속된다. 그러므로 인간의 몸이라면, 60조 개에 달하는 세포가 60조 개의 동일한 DNA 복사물을 가지게 되며, 그에 따라 인체는 어느 세포든 전부가 동일한 정보를 갖게 된다. 그러나 생식에 관여하는 성세포만은 다른 일반 세포가 가진 DNA의 절반 양을 가지고 있다.

유전자의 발현을 조정한다

배발생에 대한 비밀은 지금까지도 우리가 알지 못하고 있는데, 만일 언젠가 그 비밀이 밝혀진다면, 그것은 세포가 유전자의 발현(發現)을 어떻게 조정하는가 하는 그 방법 속에서 발견될 것이다. 세포 속에는 성체가 되기까지의 모든 정보가 들어 있다. 만일 우리가 발육하고 있는 배의 각 세포를 그 내부까지 깊숙이 들여다볼 수 있다면, 그 안에서 일어나는 일들을 관찰할 수 있을 것이다.

우선 효소가 수정란이 가진 DNA의 유전자 가운데 일부를 mRNA로 복사할 것이다. 이 mRNA는 리보솜이 있는 곳으로 가고, 리보솜은 "발생"이라는 작업을 출발시키는 데 필요한 단백질 합성을 시작한다. 지정된 단백질이 모두 합성되고, DNA가 2배가 되면 수정란은 분열을 시작한다.

분열의 결과로 이뤄진 한 쌍의 세포는 제각기 새로운 한 세트의 완전한 DNA와 새로운 리보솜, 그리고 모든 것을 새롭게 갖춘다. 그야말로 완전하게 세포의 복사가 이뤄진 것이다. 그 후 각각의 세포는 다시 단백질을 합성하여 새로운 세포를 만드는 작업을 반복한다. 이어서 2개의 세포는 4개로, 다시 8개로, 16개 …로 불어나게 된다.

얼마 동안의 분열과정은 박테리아가 분열하는 것과 거의 다를 것이 없다. 각 세대는 그 앞 세대와 똑같은 반복이다. 즉 DNA→mRNA→단백질→세포분열, 이러한 순서의 반복이다. 그렇지만 분화가 시작될 때는 세균이 분열하는 것과는 다른 새로운 일이 일어나야 한다. 만일 어떤 세포군의 자손은 근육이 되고, 또 다른 세포군의 자손은 뇌가 된다면, DNA는 그에 맞는 필요한 지시를 해야 할 것이다. 그리고 그 지시는 세포 사이에 차이가 생기도록 결정할 뿐만 아니라, 그 차이가 출현해야 할 시기를 결정해야 할 것이다.

그런데 분화를 계속하고 있는 세포의 집단 가운데 하나하나의 세포는 모두 같은 양과 모양의 DNA를 갖는다. 그렇다면 세포들이 서로 달라지는 것은 무슨 이유 때문일까?

우선 하나의 세포가 피부세포로 될 것인가, 근육세포로 될 것인가, 아니면 뇌세포로 될 것인가를 결정하는 것은 그 세포가 만드는 단백질이라는 것을 떠올리자. 예를 들면, 피부세포는 "케라틴(Keratin)"이라고 불리는 특별한 단백질을 다량 포함하고 있다. 이 케라틴은 피부로 하여금 몸

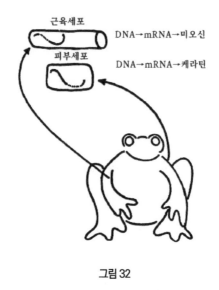

근육세포 DNA→mRNA→미오신

피부세포 DNA→mRNA→케라틴

그림 32

의 내부를 잘 보호하도록 하는 특별한 능력을 제공한다. 한편 근육세포는 "미오신(Myosin)"이라고 불리는 단백질을 다량 내포하고 있다. 이 단백질은 연관성이 있는 다른 단백질과 함께 작용하여 그 길이를 조절할 수 있도록 함으로써 근육 섬유가 신축할 수 있게 해준다. 또 뇌세포는 전기신호가 전달되는 것을 돕는 단백질을 가지고 있다. 그 외에도 여러 특수화된 조직의 세포들은 각기 독특한 단백질을 만들며, 그 단백질은 그 세포의 성질을 결정하고 있다.

따라서 어떤 세포는 피부세포가 될 자신의 운명을 실현하기 위해서 케라틴을 생산할 것이다. 또한 어떤 세포는 근육세포가 되기 위하여 미오신을 생산하기 시작할 것이다. 하지만 실제로는 어느 세포의 DNA라도 모두가 케라틴을 생산할 유전자와 미오신을 만들 유전자를 가지고 있다(그림 32).

유전자는 모두에게 있다. 그러므로 피부세포에서는 케라틴을 만들 유전자는 "발현"되어야 하고 미오신을 생산할 유전자는 "억제"되어야만 하겠다. 반대로 근육세포에서는 미오신을 위한 유전자가 "발현"되고, 반대로 케라틴을 위한 유전자는 "억제"되어야만 한다. 그러므로 피부세포 속의 케라틴 유전자는 케라틴 mRNA로 해독되고, 그것은 리보솜으로 가서 케라틴 단백질로 번역된다. 이러한 과정이 전부 끝나면 그 세포는 피부세포가 된다.

배발생이 진행되는 동안 DNA는 프로그램화된 시간 순서에 따라 어떤 유전자는 발현시키고, 어떤 유전자는 억제할 수 있어야만 한다. 그런데 어떤 특별한 형의 세포 하나가 완성되려면 수백 종의 단백질이 필요하다. 그러므로 이러한 세포 내에서는 많은 유전자가 발현되고 한편으로, 그보다 더 많은 유전자(다른 형의 세포가 필요로 하는 단백질을 만드는 유전자)는 억제되는 것이다.

이것은 정말 놀라운 현상이다. DNA는 모든 유전자를 가지고 있을 뿐만 아니라, 그 가운데 어느 유전자의 발현을 정지시켜야 할 것인가 하는 정보까지 준비하고 있으니 말이다.

클론

클론(Clone)이라고 하는 것은 단 개의 세포로부터 태어난 자손들의 세포가 다수 모인 것이다. 박테리아는 으레 클론을 만든다. 만일 배양액을 담은 접시에 세균세포 1개를 넣어둔다면, 세포는 분열을 시작하여 2개의 세포로 되고, 2개는 다시 분열하여 4개로, 다음에는 8개로 점점 불어나게 될 것이다. 그렇게 2일 정도 지나면 수많은 세균세포가 모인 클론을 형성하여 육안으로 볼 수 있을 정도가 된다. 이러한 콜로니(Colony)가 클론이다. 이 클론을 이루고 있는 수백만의 세포는 모두 최초에 있던 하나의 세포에서 태어난 자손이다. 만일 이 클론에서 세포를 한 개만 집어내 배양액이 담긴 딴 접시에 넣는다면 이것도 분열을 시작하여 얼마 후엔 최초의 클론과 꼭 같은 클론을 하나 더 형성하게 된다.

클론을 만든다는 것은 세균에게는 비교적 간단한 일이다. 어느 세균이나 모두가 같기 때문이다. 그러나 보다 고등한 생물로부터 클론을 만든다는 것은 상당히 어려운 일이지만 이론적으로는 불가능하지가 않다. 어떤 생물이든 그들의 세포는 모두 동일한 DNA를 갖고 있고, 그 DNA는 완전한 새로운 개체를 만드는 데 필요한 정보를 전부 가지고 있다. 그러므로 이론적으로만 생각한다면, 어떤 동물로부터 세포를 하나 들어내 그것을 영양분이 담긴 접시나 영양분이 있는 다른 환경 속에 넣어둔다면, 그로부터 본래의 개체가 정확히 복사된 완전한 동물을 새로이 얻어낼 수 있을 것 같다.

이러한 가능성은 통속적인 작가들의 상상력을 자극했다. 특히 인간의 클론, 즉 단 1개의 인간세포로부터 완전한 한 사람의 인간을 만들어 낼 수 있을지도 모른다는 상상은 대단히 매력적으로 느껴졌다. 그러나 그러한 가능성은 대단히 어려운 일이다. 이미 배운 바와 같이 단 하나의 세포가 완전한 개체가 되는 경우가 있기는 있다. 그것은 수정된 알이 완전한 생물로 성장하는 경우가 그렇다.

이미 분화된 세포가 마치 수정란으로 변모된 것처럼 분열을 개시하여 간단하게 자기 자신의 복사물을 만든다는 것은 전혀 볼 수 없는 일이다. 인간의 세포는 세포 자신의 분화상태에 대해서 심한 통제를 가하고 있다. 즉 피부세포는 영구히 피부세포로 있을 뿐, 근육세포로 변한다든가 하는 일은 꿈에도 있을 수 없는 것으로 보인다. 더구나 완전한 개체로 된다는 등의 엉뚱한 생각은 당연히 할 수도 없다.

그런데 세포가 각각 제 갈 길을 따르는 것은 환경 탓이라고 주장할 수도 있을 것이다. 하나의 세포를 이웃세포로부터 떼어낸다면, 예상외의 행동을 시작할지도 모른다. 이에 대한 실험이 올챙이의 세포를 사용해 시행되었다. 개구리의 알을 택하여 먼저 그 핵을 파괴한다. 그렇게 되면 핵 속의 DNA도 파괴된다. 다음에 아주 어린 올챙이의 체세포에서 핵을 꺼내 그것을 DNA를 빼낸 알 속에 넣어준다. 드문 경우였지만 이 알이 발육하여 새로운 올챙이가 되었다(때로는 개구리까지 된 예도 있다).

이렇게 만들어진 새 올챙이는 단 하나의 세포로부터 만들어진 클론이다. 이 같은 클론을 만드는 실험이 쥐와 다른 동물에 대해서도 시행되었지만 아직 성공하지는 못했다. 이 클론을 만드는 실험이 실패했다고 하는 것은, 분화가 일어난 세포는 대단히 안정된 상태로 된다는 것을 확실하게 표현하고 있다. 각각의 세포가 가지고 있는 DNA는 다른 세포로도 변모

될 수 있는 잠재적인 가능성을 가지고 있다고 생각되나, 세포는 이 잠재 가능성을 이용하지 않으며, 유전자의 대부분은 발현이 정지되어 있다. 앞으로 배발생에 대해서 깊이 연구해 간다면, 무엇이 어떤 유전자에 대해서는 발현을 명령하고, 한편으로 다른 유전자에 대해서는 발현을 억제하도록 명령하는지 조사해야 할 것이다.[1]

켜졌다 끊어졌다 하는 유전자 스위치의 본질

여기서 초점이 되는 문제는 세포로 하여금 서로 다른 종류가 되도록 유전자를 작동시키는 기구의 본질이 무엇인가 하는 것이다. 이 현상을 조사하고 나면, 중요한 질문이 나오게 된다. 즉 어떻게 해서 어떤 유전자는 발현되도록 스위치가 켜지고, 어떤 유전자는 발현하지 못하도록 스위치가 끊어지는가 하는 의문이다.

앞에서도 본 바와 같이 가장 확실한 답은 간단한 시스템에서 얻을 수 있다. 하등한 세균의 습성을 다시 한번 관찰해 보자. 신선한 배양액 속에 세균을 약간 넣고 거기에 글루코오스(포도당)를 첨가해 주면, 세균은 분열을 시작하여 그 수가 급격히 늘어나게 된다. 그러나 포도당이 전부 소모되고 나면 성장이 정지된다(그림 33a).

---

1 책의 저술 시점 이후 1996년 영국의 윌머트와 캠벨이 양의 체세포 DNA를 이용하여 포유동물의 복제에 최초로 성공하였다. 복제 양의 이름은 돌리이다.

그림 33a | ②에서 포도당이 사용된다

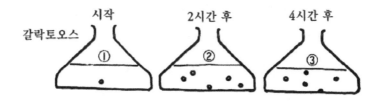

그림 33b | ②에서 갈락토오스가 사용된다

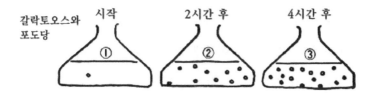

그림 33c | ②에서 포도당은 사용되고, 갈락토오스는 사용이 안 된다.
③에서 갈락토오스도 사용된다

똑같은 세포군을 사용하여 이번에는 다른 종류의 당인 갈락토오스를 넣고 관찰을 반복해 본다. 이번에도 세포의 수는 불어난다. 그러나 포도당을 넣어준 경우보다 분열이 느리다. 그리고 갈락토오스가 모두 소모되고 나면 역시 분열이 정지된다(그림 33b). 이것을 보면 포도당이 갈락토오스보다 좋은 식량이 되기 때문에 빨리 소비된다고 결론을 내릴 수 있다. 그렇지만 세균은 두 종류의 당을 모두 남기지 않고 소모한다.

이번에는 포도당과 갈락토오스 두 가지를 한꺼번에 넣어 주고 실험을 반복해 본다. 그러면 아주 재미있는 일이 벌어진다. 포도당이 전부 소모될 때까지는 세포군이 급속히 증식한다. 그런데 포도당이 모두 없어지고 나면 약 20분간 증식이 일단 중단된다. 그런 후 성장은 다시 시작되어 이번에는 갈락토오스를 남김없이 소모한다(그림 33c). 분명히 세균은 갈락토오스보다 포도당을 좋아한다. 하지만 포도당이 없어지면, 세균은 약 20분 정도 성장이 중단된 후에 갈락토오스를 사용하는 능력을 획득하게 된다.

이같이 유전자의 스위치가 켜지고 끊어지는 것은 무엇과 관계가 있는가? 1950년대 후반, 프랑스의 과학자 프랑수아 자코브(Francois Jacob, 1920~2013)와 자크 모노(Jacques Monod, 1910~1976)는 이 간단한 시스템을 분석하여 유전자의 발현이 어떻게 조절되는가에 대하여 놀라운 연구를 하게 되었다. 이 메커니즘은 오늘날 실제로 세균을 이용한 실험을 통해 증명되었다. 또한 이 메커니즘은 우리 인간을 포함하여 보다 복잡한 생물체 내에서도 일어나고 있을지도 모른다. 다만 우리는 아직 확실한 것을 모르고 있을 따름이다.

그런데 이 두 균에 포도당보다 맛이 없는 갈락토오스라는 당(糖)이 주어졌을 때, 세균의 체내에서는 어떤 일이 일어났을까? 세균의 세포는 포도당을 이용하는 "기계장치"를 가지고 있는 것이 분명하다. 그것은 포도당을 공급하자마자 곧 그것을 먹기 시작하는 것으로 보아 알 수 있다. 이 기계장치는 2개의 단백질로 되어 있다. 하나는 당분이 세포 속으로 잘 들어갈 수 있도록 해주는 효소이고, 다른 하나는 세포 속에 들어간 당을 소화하는 효소이다. 2개의 효소에는 2개의 유전자가 관계하고 있다.

세균은 2가지의 당을 첨가한 배양액 속에서는 성장을 시작할 때까지만 해도 갈락토오스를 처리할 기계장치를 활용하지 못했던 것이 분명하다. 그러나 포도당을 전부 소모한 후에는 갈락토오스를 이용할 수 있는 기계장치를 "획득"하게 되었다. 그렇다면 이것은 포도당이 없어졌다는 현상이 갈락토오스를 사용하는 기계장치를 가동하도록 유도했다고 하겠다. 포도당은 갈락토오스를 사용하게 하는 효소를 조절하는 유전자의 발현을 방해 또는 억제해 온 것이다. 그러나 포도당이 소멸되어 포도당의 억제효과가 없어지므로, 갈락토오스를 소모하게 하는 유전자가 자기의 mRNA를 만들어 내기 시작하고 그것이 단백질로 번역될 수 있게 된 것이다.

세균에게 이것이 어떤 의미를 갖는지 생각해 보자. 세균은 섭취 가능한 먹이 가운데 가장 맛있는 것부터 소비한다. 그리고 세균의 체내에 가장 먼저 들어간 먹이는 다른 먹이를 섭취하는 데 필요한 효소가 만들어지지 않도록 한다. 이윽고 좋은 먹이가 전부 소비되어 다음 차례의 먹이를 먹어야 될 때 세균은 싫어도 그 빈약한 먹이를 이용할 효소를 만들게 되는 것이다.

주어진 것은 만들지 않는다

만일 여러분이 집에서 먹을 채소를 뜰에다 심어 재배한다고 하자. 그런데 누군가가 채소를 정기적으로 집에 공급하기로 약속했다면, 뜰에서의 재배를 중단해야 할 것이다. 세균도 비슷한 짓을 한다. 세균은 스스로 20가지의 필수적인 아미노산을 만드는 능력을 가지고 있다. 아미노산이 없으면 단백질을 생성할 수 없고, 단백질이 없으면 번식이 안 된다.

만일 우리가 이미 만들어진 아미노산을 배양액에 타서 그 속에 세균을 넣고 배양한다면, 세균은 스스로 아미노산을 만드는 일을 중단한다. 배양액 속에 가득한 아미노산은 세균으로 하여금 불필요한 에너지를 소모하지 않도록 한 것이다. 아미노산을 만드는 데는 많은 에너지가 소모된다. 20종의 아미노산 가운데서 어느 한 가지를 만드는 데만도 수종의 효소가 있어야 한다. 효소 한 가지를 생산하려면 하나의 유전자에 스위치를 넣어 mRNA가 만들어지도록 해야 하고, 또 그것이 리보솜으로 가서 그곳에서 효소단백질이 만들어지도록 하는 순서를 밟아야만 한다. 그러므로 유전자의 스위치를 꺼둔다는 것은 단백질 합성에 필요한 에너지를 절약하는 것이다. 세균뿐만 아니라 모든 생물에게 있어서 에너지의 보존은 생존에 절대적으로 필요한 일이다.

유전자 발현의 조정 그림

세균에 대한 연구에서 밝혀진 유전자의 발현에 대한 일반적인 양상은 다음과 같다.

1. 유전자는 스위치가 켜지고 끊어질 수 있다. 이 작업을 하는 것은 억제물질(Repressor)이라는 단백질 분자이다.
2. 억제물질은 유전자의 한쪽 끝에 붙어서, 유전자의 내용을 mRNA로 번역하는 효소의 작용을 금지한다.
3. 따라서 이 유전자가 만들어야 할 단백질이 생산되지 않는다.
4. 억제물질이 DNA로부터 떨어지는 것은 두 가지 경우이다.

   a. 포도당과 같은 물질이 존재하지 않는 경우(즉 포도당은 억제물질이 유전자에 부착되는 것을 돕는다).

   b. 아미노산이 존재하는 경우.

이제 앞에서 나온 포도당과 갈락토오스의 실험에 대한 결과를 설명할 수 있겠다. 배양액 속에 포도당이 남아 있는 한 세균은 포도당만 먹을 것이며, 포도당은 갈락토오스 유전자의 억제물질을 도와 그 기능을 억제한다. 그러나 포도당을 전부 소모하고 나면 갈락토오스 유전자를 억제할 인자의 작용이 사라진다. 그에 따라 효소가 생성되어 갈락토오스를 이용할 수 있게 된다. 마찬가지로 세균에게 아미노산을 공급해 주면, 아미노산은 아미노산을 만드는 데 관여하는 모든 유전자의 억제물질을 도와 그 기능을 멈추게 한다.

세균의 체내 기능을 통제하는 실로 멋진 이 시스템은 인간을 포함한 모든 고등생물의 체내에서도 작용되는 것으로 보인다. 그리고 그것이 유전자의 발현을 조절하는 하나의 중요한 방법이라는 것이 확실하다.

인간은 세균과 다르다

그런데 세균세포가 살아가는 방법과 인간과 같은 고등생물의 복잡하고 특수화된 세포가 살아가는 방법 사이에는 대단히 중요한 차이가 있다. 세균세포의 생활은 환경의 격심한 변화에 대해서 빠르게 반응하며, 융통성도 있고, 적응도 빠르다. 그것은 정글 가운데서 전투를 벌이고 있는 병사의 생활과 비슷하다. 모든 세균은 각기 자력으로 살아간다. 여기에 대해서 특수화된 세포는 특수한 생활양식을 영구히 지켜간다. 피부세포는 그 생물체가 죽을 때까지 피부세포로 남아 있으며, 근육세포는 일생을 근육세포로, 뇌세포는 뇌세포로서 일생을 지낸다. 각각의 세포는 피부로서의 성질, 근육으로서의 성질, 뇌로서의 성질을 갖도록 결정지어 주는 유전자의 스위치가 켜져 있다. 한편 다른 모든 유전자, 예를 들면 간장으로서의 성질, 뼈로서의 성질, 신장으로서의 성질을 결정하는 유전자는 스위치가 끊어져 있다. 이러한 상태는 일생 계속된다. 그러므로 세균에는 유전자의 스위치를 빠르고 또 용이하게 이었다 끊었다 하는 장치가 필요하다.

특수화된 세포에서는 대부분의 유전자의 스위치를 일생 동안 끊어놔야 하고, 소수의 유전자 스위치는 이어놔야만 한다. 그러므로 간단히 끊고 이을 수 있는 세균의 스위치 장치와 특수화된 세포 속에서 작동되는 스위치 장치는 비슷할 수가 없다. 그러나 우선적으로 세균의 시스템은 우리에게 가장 좋은 모델을 제공한다.

형태의 발생

지금까지 우리는 배발생에서 일어나는 유전자의 발현이라고 하는 근본적인 문제에 대해 알아보았다. 그런데 보다 직접적으로 우리들의 시선을 모으는 것은 형태의 발생, 즉 알이 발생을 계속하여 신생아가 되는 그 신비로운 조각과 건축의 예술적 업적이다. 예를 들어 인체를 이루고 있는 특별한 조직이나 기관은 모두 골격에 매달려 있다. 골격은 다른 모든 구조와 평행하게 배(胚) 내부에서 발육한다. 뼈도 처음에는 일반적인 모습을 가진 세포에서 시작하지만 내부에 칼슘 성분을 축적해서 단단한 구조를 이룰 수 있는 새로운 조직이 된다. 그렇게 뼈는 일생 동안 그 생물의 체중을 지탱할 수 있도록 대단히 단단하고 교묘하게 형성되며, 성장도 하고 또 파손을 당했을 때는 수선도 가능하게 된다. 이 같은 구조와 형태를 만드는 과정은 어떻게 시작되고 진행되는가? 이것은 대단히 어려운 문제인데, 모델 시스템으로 다시 알아보자.

세균도 인간과 마찬가지로 바이러스에 의해 전염병에 걸린다. 세균에 붙는 바이러스는 박테리오파지(Bacteriophage, 세균을 먹는다는 뜻)라고 불

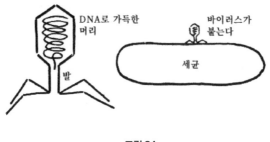

그림 34

리는데, 이들은 상자처럼 생긴 "머리"와 주삿바늘과 같은 기능을 가진 "꼬리"를 가지고 있다. 머리에는 그 바이러스의 DNA가 들어 있으며, 꼬리의 끝에는 거미 다리와 비슷한 발이 몇 개 붙어 있는데, 이것은 세균의 표면을 붙잡는 구실을 한다(그림 34).

바이러스는 세균의 표면에 붙으면 자신의 DNA를 세균 속으로 주입한다. 따라서 바이러스는 마치 주사기에 지나지 않는 것 같아 보인다. 바이러스의 DNA는 세균 속으로 들어가자마자 즉시 스스로 지휘관이 된다. 세균의 단백질을 만드는 장치에 신호를 보내 그 이후부터는 그 세균을 위한 단백질은 만들지 않도록 지시한다. 세균의 리보솜과 tRNA 장치는 바이러스의 DNA로부터 만들어져 나온 mRNA에 의해 전용된다. 그리하여 세균은 바이러스의 부분품을 만드는 공장으로 변하여, 새로운 머리와 꼬리와 발을 만들기 시작한다. 이제 공장 전체가 바이러스 DNA의 지배하에 들어간 것이다(그림 35).

조금 지나면, 세균 내에서는 바이러스의 부분품이 조립되기 시작한

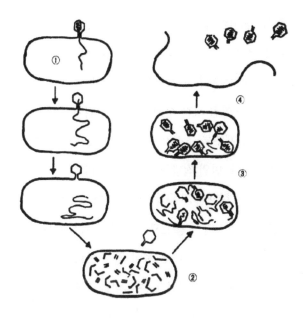

그림 35 | ① 바이러스는 자신의 DNA를 세균 속으로 주사한다. ② 새로운 바이러스의 부분품이 나타나기 시작한다. ③ 새로운 바이러스가 만들어진다. ④ 바이러스는 세균을 죽이고 밖으로 나온다.

다. 얼마 후 머리에는 새로 만들어진 바이러스의 DNA가 자리 잡아 완전한 바이러스가 되는 것을 보게 된다. 세균세포의 하나하나에서는 약 100개의 바이러스가 생겨나므로 세균 속은 전부 이 바이러스들로 가득하게 된다. 다음으로 바이러스는 어떤 효소를 분비하여 세균의 막을 파괴한다. 그에 따라 세균은 죽고, 새로 태어난 바이러스들은 탈출한다. 이렇게 난폭한 파괴 행동은 DNA가 세균 속으로 주사되기 시작한지 30분도 지나지 않아 끝이 난다.

이 현상 가운데 형태의 형성에 대해 설명하는 간단한 모델 시스템을 볼 수 있다. 바이러스를 형성할 여러 부분품은 마치 작은 건축물의 부분품처럼 모아져 DNA의 지시에 따라 조립에 들어간다. 각 부분품은 조심스럽게 프로그램화된 시간 순서에 따라 조립이 진행되는데, 이때 바이러스의 각 부분품 제조를 조절하는 유전자가 조립 순서에 맞춰 활성화된다는 것이 알려졌다. 만일 적당한 부분품이 적당한 순서에 따라 만들어지지 않는다면 계획된 형태가 자동적으로 생겨나지 못할 것이 당연하다.

이러한 바이러스의 발생 모델 시스템이 복잡한 배발생의 진정한 모습을 이해하게 하는 데 얼마나 도움이 될지 모르겠다. 오늘날 우리는 바이러스의 유전자 구성에 대해서 많은 지식을 가지고 있으므로 우리는 그 발생 과정을 조절하고 조작할 수도 있다. 또 바이러스의 3차원적 구조는 복잡하지 않기 때문에 전자현미경을 써서 그 발생 과정을 추적할 수도 있다.

세포분열의 시작과 정지

배는 급속하게 분열하고 있는 세포의 덩어리이다. 이 활발한 성장 활동은 탄생 후에도 계속되며, 성장의 속도가 조금씩 느려지기는 하지만 어린 시절을 지나 성체가 될 때까지 계속된다. 하나의 생물체를 구성하는 모든 기관과 조직의 세포는 신중하게 보조를 맞추고 협력하여 성장해 간다. 그런데 세포들은 성장을 끝내야 할 시기를 어떻게 알게 되는 것일까? 세포들에게 그들이 만들어야 할 기관이 이제 충분한 크기가 되었다고 가르쳐 주는 것은 무엇일까?

이 현상은 몸 외부에서 배양되는 정상세포의 행동 가운데서 관찰할 수 있다. 세포를 유리 접시 속에서 배양하면, 세포는 반드시 1층으로만 이웃 세포와 접촉한 상태로 유리 표면을 덮고 자란다. 그러다가 주변의 세포들이 배양접시의 가장자리에 도달하면 모든 세포가 성장을 중단한다.

세포분열을 정지시킨 신호의 성질은 무엇인가? 우리는 아직 그 대답을 모르고 연구를 계속하고 있다. 그런데 이 신비의 일부분에 대해서 대답해 주는 매력적인 모델 시스템이 있다. 필자는 그것이 특별히 재미있어서 그 연구에 많은 시간을 소비했다.

재생

꼬리를 잘라버린 올챙이를 다시 물속에 넣어주면, 그 상처는 곧 치유된다. 그리고 약 3주일이 지나면, 꼬리가 잘린 부분에서 아주 완전한 새로운 꼬리가 자라 나오는 놀라운 일이 일어난다(그림 36).

도마뱀의 다리를 잘라 보아도 같은 결과를 얻는다. 성게나 새우도 그렇다. 이러한 현상을 우리는 재생(Regeneration)이라 부르며, 재생 현상은 인간에게서도 일어난다. 인간의 경우 팔다리가 절단된다거나 하면 그것의 재생은 불가능하다. 그러나 외과수술로 간의 일부를 잘라내거나 하면, 간은 며칠 사이에 재생하여 본래의 크기가 된다. 이렇게 특별한 경우를 실험실에서 시험해 볼 수 있다. 예를 들어 쥐의 간을 3분의 2쯤 잘라냈다

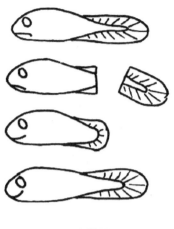

그림 36

고 하자. 2~3분 후에 쥐는 마취에서 깨어나고, 몇 시간 뒤부터는 먹이를 찾아 먹는다. 그리고 약 3일이 지나면 잘라낸 3분의 2의 간이 완전히 재생하여 종전과 같이 정상적이고 건강해지며, 간도 본래의 모든 일을 하게 된다.

이러한 재생에서는 2가지의 극적인 현상이 일어난다. 첫째는 동물체의 일부를 제거했을 때, 그 상처 부분에서 대단히 빠른 속도로 세포분열이 시작된다는 것이다. 즉 상처를 입기 전까지는 조용하던 부분이 새로이 분열을 시작하는 것이다. 그리고 두 번째는 상처 난 부분이 본래의 형상으로 일단 재생되고 나면, 세포분열이 중단된다는 것이다. 정말 신기한 것은 잘려나가지 않고 남은 부분의 세포가 지금부터 세포분열을 개시해야 한다는 필요성과 또 재생이 끝나면 분열을 멈추어야 한다는 2가지 일을 어떻게 기억하고 있는가 하는 것이다.

세포 속에서 분열의 시작을 명령하고, 또 없어진 기관이 원상으로 되면 분열을 정지하도록 명령하는 것이 도대체 무엇일까? 그 해답을 찾아보기 위해 어느 날 필자는 재생을 계속하고 있는 간으로부터 약간의 세포를 떼어 내 그것을 분열하지 않고 있는 정상적인 간에서 떼어 낸 세포와 섞어 보았다. 만일 재생을 계속하고 있는 간세포 중에 분열하도록 명령하는 어떤 화학적인 "신호"가 있다면, 그것은 정상세포에 영향을 주어 단백질을 보다 빨리 만들어 내도록 할 것이라고 생각했다. 반대로 정상세포 쪽에 재생하는 간세포의 분열속도를 느리게 만드는 화학적 신호가 있다면 그것을 찾아낼 수가 있을 것이다. 이렇게 멋진 아이디어를 이용한 실험이었지만 결론은 얻을 수 없었다. 실재의 시스템은 너무나 복잡하여 우리 손에 잡히지 않는 것이다.

지금까지 우리가 한 이야기는 생명의 법칙을 밝힌 성공담이고 실패담은 없었다. 그런데 실패담은 우리들의 이야기를 진실되게 해준다. 왜냐하면 과학자들의 실험은 대부분이 실패로 끝나기 때문이다. 우리는 실패로부터 배우며, 보다 좋은 실험을 계획하게 되고, 이러한 실패가 반복됨으로써 새로운 통찰에 이른다.

필자의 동료 과학자인 낸시 부처(Nancy Bucher) 박사는 "재생"에 대한 연구자로서 아마도 어느 누구보다도 많은 공적을 남긴 사람이다. 그녀의 중요한 연구 중의 하나는 쥐를 사용하여 샴쌍둥이(Siamese Twins)를 만든 것이다. 그녀는 두 마리의 쥐를 수술하여 복부끼리 나란히 접합시켜 혈액이 양쪽을 통해 순환하도록 했다. 다음으로 그는 한쪽 쥐의 간을 3분의 2쯤 들어내고, 그 간이 재생되는 동안에 다른 쪽 쥐의 간이 성장을 시작하는지 어떤지 관찰했다. 놀랍게도 성장이 시작되었다! 이것은 재생하는 간이 무엇인가를 혈액 속에 흘려보냈고, 그것이 순환되어 다른 쪽의 정상적인 간에까지 도달하여 그 간까지 성장을 시작한 것이다. 그녀 외에도 많은 과학자들이 그 물질의 정체를 밝히려고 애써왔으나 아직도 성공하지 못하고 있다.

배발생에 대해서는 모르는 것이 더 많다

요약해 볼 때, 우리는 배발생에 관한 몇 가지 흥미 있는 문제를 생각하게 된다. 즉 분열하고 있는 세포가 떨어지지 않고 함께 붙어 있도록 접착된다는 것, 복잡한 기관으로 분화한다는 것, 형태를 갖추게 되는 것, 그리고 알에서부터 발생을 시작하여 성체가 되었을 때, 그 발생은 정지된다는 것이다.

이러한 문제는 복잡한 발생의 과정 가운데 대표적인 몇 가지에 불과하다.

발생에 관해서 우리는 너무 많은 것을 모르고 있다. 배발생에 관한 연구는 우리가 가진 생물학에 대한 모든 경험과 숙련을 모두 필요로 한다. 그야말로 발생학은 생물학의 가장 기초가 된다. 그리고 발생학이 특별히 사람들을 흥분시키고 자극하는 것은 많은 의문에 대한 해답을 곧 얻을 수 있을 것처럼 보이기 때문이다. 앞에서 논의한 여러 가지 생명의 법칙을 우리가 알아낸 것과 마찬가지로 발생학에 대한 미지의 지식도 머지않아 알아내게 될 것이다. 발생학이 내포하고 있는 문제들의 본성을 보면 "암"에 관한 문제와 아주 비슷하다. 실제로 많은 과학자들은 암을 설명하는 데는 발생학의 지식이 필요하다는 것을 느끼고 있다. 어떤 의미에서 암이란 배발생에서 볼 수 있는 그 놀라운 "조절" 능력을 상실한 것으로 보인다. 예를 들어 암세포의 그 무법자적인 행동은 세포끼리 붙는 접착 능력의 상실과 관계하는지도 모른다. 지금부터 좀 더 깊이 알아보기로 하자.

8장

암

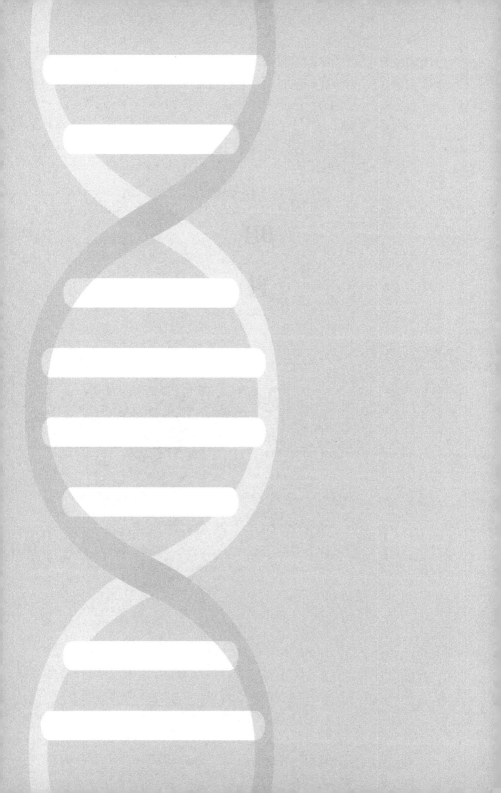

정상세포 안에서 어떤 일이 일어나 그것이 암세포로 변했을 때 큰 문제가 발생한다. 생명의 원리에 대해 다루는 책에서 암에 대하여 하나의 장을 책정한다는 것이 적절한 일인지 어떤지 모르겠다. 그러나 그것이 가능하다고 생각되는 것은 암이 단 하나의 세포로부터 시작되기 때문이다. 그리고 암에 대해 조사하려고 한다면 우리가 이 책에서 지금까지 이야기해 온 많은 문제에 대해서 관심을 가져야 하기 때문이다.

베릴륨과 암

"베릴륨"이라는 금속은 토끼의 뼈에 대단히 악성인 암을 유발하는 성질이 있다. 이 사실은 필자가 연구자로서의 경력이 막 시작되던 때쯤에 형광등 공장에서 일하는 노동자들의 사망 원인에 대해 화구하던 한 과학자에 의해 발견되었다. 당시 그 공장 노동자들의 폐가 크게 손상되어 있었는데, 그 원인은 형광등 관에 넣는 물질을 코로 흡입했기 때문이었다.

과학자들은 베릴륨이 포함된 형광물질을 동물에 주사한 결과 몇 개월 후 뼈에 암이 생긴다는 사실을 발견했다. 그 암은 빠르게 증식하여 몸의 다른 부분으로 퍼져나갔으며, 몇 주가 지나면 동물들을 죽게 만들었다(베릴륨은 사람의 몸에서는 암을 일으키지 않는다. 그러나 폐를 못 쓰게 만들기 때문에 이후부터는 형광등 제조에 쓰이지 않는다).

하버드 의과대학을 갓 졸업한 필자는 베릴륨이 어떻게 암을 유발하게 되는가에 대한 조사에 착수했다. 우선 도서관으로 가서, 베릴륨이 인체에 미치는 영향에 대해 과학자들이 지금까지 한 연구와 하지 않은 연구를 조사했다. 결과는 거의 연구된 것이 없었다. 그러나 한 가지 흥미 있는 사실을 알아냈다. 베릴륨은 아주 미량이나마 인체의 중요한 효소 가운데 하나인 포스파타아제(Phosphatase)의 기능을 정지시킨다는 것이었다. 이 효소는 뼈를 단단하게 만드는 인산칼슘을 뼈에 축적하는 일을 돕는 대단히 중요한 작용을 한다.

또 한 가지 사실을 알아냈다. 효소인 포스파타아제가 정상적으로 작용하는 데는 "마그네슘"이라는 금속이 필요하다는 것이다. 베릴륨은 원자구조가 마그네슘과 대단히 비슷하다. 따라서 이러한 의문이 떠올랐다. 베릴륨은 마그네슘과 경쟁하여 포스파타아제를 해치고 있는 것이 아닌가? 이 생각은 옳았다. 베릴륨이 효소 속으로 들어가 마그네슘을 밀어내기 때문에 효소의 기능이 마비된 것이다.

베릴륨과 성장

여기까지 준비한 필자는 이 연구에 착수했다. 문제를 계속 추구하는 동안에 좋은 아이디어가 떠올랐다. 성장을 하려면 반드시 마그네슘이 필요한 모델 시스템을 사용하는 것이다. 만일 베릴륨이 생물의 성장에 어떤 영향을 미친다는 것을 확실하게 밝힐 수만 있다면, 그리고 베릴륨이 마그네슘을 필요로 하는 생물의 성장에 영향을 준다는 것이 밝혀지기만 한다면, 베릴륨이 세포의 성장에 어떤 영양을 주는지 어느 정도 알아낼 수 있으리라 생각했다.

필자가 선택한 연구의 간단한 모델 시스템은 식물의 성장이었다. 식물의 엽록소는 모두 마그네슘을 가지고 있다. 엽록소는 마치 어떤 효소처럼 마그네슘이 없으면 기능을 제대로 다하지 못한다. 그러므로 베릴륨은 엽록소 속에 있는 마그네슘을 밀어내고 식물의 성장을 저해하는 결과를 보여 줄지도 모른다고 생각했다.

필자는 이 실험을 온실에서 토마토를 이용해 실시했다. 토마토는 식물이 필요로 하는 각종 영양소를 넣은 배양병에서 재배했는데, 그 속에는 적당량의 마그네슘도 넣어 주었다. 토마토는 몇 주일 후 무성해졌다(그림 37a). 그리고 한쪽에서는 같은 조건에서 마그네슘에다 베릴륨까지 넣어서 재배해 보았다. 그러나 성장의 결과는 베릴륨이 함께 든 것이나 마그네슘만 포함된 것과 같았다. 따라서 필자는 마그네슘이 충분히 있을 때는 베릴륨이 아무런 문제를 일으키지 못하는 것이라고 결론을 내렸다.

세 번째 그룹에서는 마그네슘의 양을 절반으로 줄여 재배했다. 이 식물은 약 1주일쯤 성장하다가 곧 노랗게 변하고는 죽어버렸다. 이것은 마그네슘 부족 현상이라고 생각했다. 절반의 마그네슘으로는 그 식물을 지탱할 수 없었던 것이다.

네 번째 그룹의 식물은 세 번째 그룹과 마찬가지로 마그네슘을 절반만 넣었다. 그 대신 여기에는 두 번째 그룹에 넣었던 양과 같은 양의 베릴륨을 넣어 주었다. 성장의 결과는 극적이고 만족스러운 것이었다. 이들 식물은 무성하게 자랐으며 모두가 첫 번째나 두 번째 그룹처럼 성장했다(그

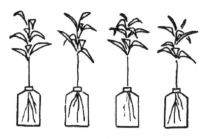

그림 37a | 마그네슘을 표준량 첨가했을 때

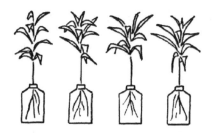

그림 37b | 표준량의 마그네슘에 베릴륨을 첨가했을 때

그림 37c | 마그네슘을 표준량의 절반만 넣었을 때

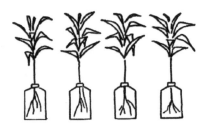

그림 37d | 표준량 절반의 마그네슘에 베릴륨을 첨가했을 때

림 37d).

이 실험의 결과에서 나오는 결론은 반론의 여지가 없다. 즉 베릴륨은 식물이 필요로 하는 마그네슘양의 적어도 절반을 대신 충당했다. 그에 따라 마그네슘의 부족으로 죽을 운명이던 식물은 베릴륨 덕분에 완전히 정상적으로 생육한 것이다.

여기까지는 잘 왔다. 다음 단계의 연구는 베릴륨이 엽록소 속에 들어가 마그네슘을 추방하는지 어떤지 알아보는 것이었다. 필자는 4그룹의 토마토에 포함되어 있는 엽록소를 전부 조사했다. 유감스럽게도 거기에는 베릴륨은 흔적도 없고 전부 마그네슘뿐이었다. 정말 실망이었다. 그러나 사실인 것은 어쩔 수 없었다.

그렇지만 베릴륨은 식물 속에서 마그네슘이 보통 하는 일을 한 것이 틀림없다. 필자는 같은 실험을 하등식물인 단세포 조류로도 반복해 보았으나 그 결과는 언제나 같았다.

필자가 이러한 이야기를 하는 이유가 있다. 첫째는 그것이 암 연구에 관한 하나의 매력적인 문제이며, 하나의 재미있는 모델 시스템이고, 또한 하나의 도전하고 싶은 미해결된 수수께끼이기 때문이다. 두 번째는 과학에서 잘 일어나는 일반적인 사건을 전개하여 보여 주기 때문이다. 즉 하나의 아이디어가 예상대로 극적인 결과를 가져왔으나, 기대하던 설명이 틀려버리는 일이 발생한다. 그렇게 되면 보다 좋은 아이디어가 필요하다. 세 번째는 이 베릴륨에 대한 체험에서 필자는 일생을 걸 직업을 선택했기 때문이다. 즉 이 실험을 하는 동안에 필자는 나 자신에게 과학을 전공할 아이디어도 있고 또 실험할 능력이 있다고 믿었던 것이다. 필자의 추론이 틀렸던 것은 과히 기분 상하지 않는다. 대부분의 아이디어는 실패로 끝나며, 일생을 통해 2~3번만 좋은 아이디어를 갖게 되어도 그는 매우 운이 좋은 사람이라고 할 수 있을 것이다.

필자는 이 문제에 대해서 2년이나 더 연구를 계속하여, 마그네슘에 의존하는 식물에서 베릴륨과 마그네슘이 경쟁하는 것을 보여 주는 몇 가지 재미난 발견을 발표했다. 그러나 그 후 필자도, 그리고 그 누구도 베릴륨이 토끼의 뼈에 미치는 영향이라든가, 또 식물의 성장에 미치는 영향을 규명할 수가 없었다. 하나의 중요한 미해결된 문제가 훌륭한 해답을 기다리고 있는 것이다. 베릴륨이라는 간단한 금속에 의해서 암이 발생하는 문제를 가장 능력 있는 과학자가 연구한다는 것은 확실히 바람직한 일이다.

암이란 무엇인가

암에 대해서 확실하게 알아보기로 하자. 암이란 간단히 말해 세포의 유전되는 비정상적인 행동이라고 하겠다. 세포의 이러한 비정상적인 행동은 신체의 어느 부분에 있는 세포에서나, 그리고 어느 때나 일어날 수 있다. 암세포의 행동을 보면 크게 2가지로 나타난다.

1. 암세포는 주변에 있는 다른 정상세포보다 훨씬 빠른 속도로 분열한다. 우리가 앞 장에서 배운 바와 같이, 정상세포들은 일정

한 생장 기간이 있어 그때 이르면 생장이 중단된다. 재생되는 간세포 역시 생장을 하지만, 본래의 간 크기로 자라고 나면 곧 성장이 정지된다. 하지만 암세포는 영양이 공급되는 한 멈추지 않고 분열을 계속한다.

2. 암세포는 이웃에 있는 정상세포들과의 일상적인 연관관계를 무너뜨리고는 정상세포보다 독립적이고, 비사교적이고 자기중심적으로 되어 버린다. 앞에서도 이야기했듯이 세포끼리 접착하는 것은 배발생에서 대단히 중요한 일이다. 분열된 세포가 이웃에 있는 세포와 접착하는 것은 세포 표면에서 특별한 단백질이 생성되기 때문이다. 정상세포가 지닌 이러한 기본적인 성질이 없어진다는 것은 그 세포를 고약한 암세포로 전환하는 중요한 원인이 된다.

세포분열 능력이 왕성해지고, 세포끼리의 접착성이 없어진다고 하는 이 2가지 성질이 동시 출현한다는 것은 바로 죽음을 의미한다. 그렇게 되면 새롭고 "이상스러운" 조직이 몸속에 생겨나 전혀 통제되지 않고서 처음 생겨난 자리에서부터 급속히 외부로 퍼져나가게 된다. 전환을 시작한 암세포는 혈관을 따라 인체의 다른 부분으로 전파되어 그곳에서 새로운 암조직을 만들게 되는 것이다. 이러한 끊임없는 세포의 분열은 이윽고 자신을 탄생시킨 전체를 죽음에 이르게 한다.

그림 38a | 유리 접시 중앙에 정상 세포를 하나 놓는다

그림 38b | 3일 후 세포는 분열하여 유리를 1층으로 덮는다

그림 38c | 세포가 접시의 가장자리에 닿으면 성장이 중단된다

체외로 끌어낸 암세포

의학에서 발생한 어떤 문제를 인체 바깥으로 끌어내 간단한 유리 접시(옛날에는 시험관으로 했으나 지금은 주로 유리 접시로 한다) 속으로 가져갈 수 있다면, 그 문제는 해결될 전망이 밝아진다. 왜냐하면 이렇게 할 경우 자신의 아이디어를 마음대로 시험할 수 있는 시스템 안에서 실험이 실시되기 때문이다. 이미 말했듯이 암이란 세포가 걸리는 병이다. 암세포는 몸체로부터 분리해 내어 실험실의 유리 접시 속에 넣고 조사할 수 있다. 인간의 병 가운데 이 암처럼 쉽게 연구할 수 있는 것은 없다.

유리 접시 속에서 자라는 암세포와 정상세포의 행동을 관찰해 보자.

먼저 정상세포 몇 개를 유리 접시의 중앙에 놓고 그 위에 영양액을 공급해 준다(그림 38a). 며칠이 지나는 동안 세포는 분열을 반복하는데, 언제나 유리면에 접촉해 있고, 또 세포끼리 서로 붙어 있다(그림 38b). 그러나 세포가 유리 접시의 주변 가장자리에 도달하면 분열은 정지하고 만다(그림 38c). 그 이후부터 세포들은 1층의 두께를 유지하면서, 또 이웃세포와 접촉하여 안정된 상태로 있게 된다. 만일 유리 접시 속에서 몇 개의 세포를 긁어낸다면, 그 상처 부근의 세포는 분열을 시작하여 곧 그 빈자리를 메우게 된다. 일단 빈자리가 1층의 세포로 덮이게 되면 세포분열은 다시 중단된다.

이러한 종류의 행동은 앞서 이야기한 재생하고 있는 세포의 행동과 기본적으로 같다(단 훨씬 단순하지만)는 것을 알 수 있을 것이다. 그리고 세포분열은 이미 정해진 한계에 이를 때까지, 본래의 기관 크기에 이르기까지 활발하게 계속된다. 어느 쪽의 경우이든 정상세포는 그들이 언제 성장(분열)을 중지해야 하는지 분명하게 알고 있다는 것이 증명된다.

이번에는 암세포의 행동을 관찰해 보자. 몇 개의 암세포를 유리 접시 중앙에 놓는다(그림 39a). 암세포는 분열하여 유리를 덮는데, 그 모양이 정상세포와 크게 다른 것이 없다(그림 39b, c). 그러나 암세포가 접시의 가장자리까지 증식했을 때 정상세포와는 아주 다른 행동을 나타낸다. 암세포는 끊임없이 분열을 계속하여 점점 늘어나게 되어 몇 겹으로 쌓여 무질서한 상태로 된다(그림 39d). 세포들은 마치 성장을 중단하는 방법을 잊어버린 것처럼 보인다. 이렇게 되면 계속되는 성장을 중단시킬 방법이란 영양의 공

39a │ 유리 접시 중앙에 암세포를 하나 놓는다

그림 39b │ 수일 후 세포는 분열하고 있다

그림 39c │ 세포는 분열을 계속한다

그림 39d │ 세포는 계속 분열한다

급을 끊는 것이다. 암세포는 다른 어떤 세포도 가지고 있지 않은 특성, 즉 그들은 무한히 성장을 계속하는 불사의 능력을 가지고 있다는 것이다.

실제로 암세포 중에는 암에 의한 희생자의 몸에서 분리되어 나온 이후 대단히 긴 세월 동안 성장을 계속하고 있는 것도 있다. 가장 유명한 예는 1951년 자궁경부암 수술을 받은 헨리에타 랙스(Henrietta Lacks)의 암세포이다. 그녀는 훗날 이 암 때문에 세상을 떠났으나 그녀의 암세포 일부는 연구실의 유리 용기 속에서 영양을 공급받으며 지금까지 분열을 계속하고 있다. 이 암세포는 그녀 이름의 머리글자 2자를 따서 헤라(He-La)세포라고 불리며, 지금껏 살아 있다. 그리고 이 암세포는 암 연구의 샘플로 가장 일반적으로 사용되고 있기도 하다.

몸속에서 일어나던 일은 유리 접시 속에서도 일어난다. 정상적인 세포는 이웃세포에 대해서도 어느 정도 조심을 하는데, 암세포는 그렇지 않다. 정상세포는 일정한 공간을 차지하고 또 본래 정해진 크기에 이르면 세포분열이 억제되지만, 암세포는 그렇지 않다.

그런데 유리 접시 속에서는 의외의 일이 일어날 수 있다. 즉 정상적인 세포를 암세포로 변신시킬 수 있는 것이다. 암을 유발하는 물질이라든가 특히 발암성 바이러스를 체외에서 정상세포에 처리한다면, 정상세포가 암세포로 변할 수 있다. 이것은 과학자들을 흥분시키는 일이다. 왜냐하면 그렇게 함으로써 체외 실험실에서, 조건을 바꾸어 가면서 암의 인과관계를 한 단계씩 추적해갈 수 있기 때문이다.

암의 혈액공급

유리 접시 위에서 2차원(평면)적으로 성장하는 세포는 전형적인 것이 아니다. 만일 생조직과 같은 부드러운 환경 속에서 3차원(입체)적으로 암세포를 성장시킬 수 있다면, 그것은 인체 안에서 자라는 암세포와 더 비슷해질 것이다. 그런데 암세포를 3차원적으로 배양해 보면, 눈에 겨우 보일 정도의 작은 덩어리로 자랄 뿐, 더 이상은 분열이 일어나지 않는다. 그 원인은 영양공급이 안 되기 때문이다. 그러나 근처에 혈관세포가 있으면, 암세포의 작은 덩어리는 그 세포를 자극하여 새로운 혈관을 만들도록 한다. 혈관이 성장하여 암 덩어리 속으로 들어가면 암세포는 곧 분열을 시작한다. 이 혈관이 암세포에 영양분을 운반하면서 암세포와 평행하여 성장해 가다면, 암세포의 덩어리는 아주 크게 자랄 수 있다.

암세포는 몸속에서도 이와 마찬가지로 증식한다. 암세포는 혈액공급을 받지 못한다면 성장할 수 없다. 암세포의 이러한 중요 성질에 대해서 연구한 유다 폴크먼(Judah Folkman)은 암세포는 혈관을 성장하게 하는 어떤 물질을 분비한다는 사실도 밝혀냈다. 그 물질이 무엇인지 밝히는 연구는 지금도 계속되고 있다. 만일 우리가 그 물질의 정체를 밝혀낸다면, 그 물질을 차단함으로써 암세포를 굶주려 죽게 할 수 있을 것이다.

암세포는 돌연변이인가

세포가 이처럼 난폭한 성질을 갖게 된 원인은 무엇일까? 무엇이 이러한 변화를 일으켰는지 그것은 정말 중요한 문제이다. 그런데 몸속에 암세포가 생겨나도록 한 것은 그 세포의 DNA에 일어난 돌연변이 때문임을 시사하는 사실이 몇 가지 있다.

1. 암은 언제나 단 1개의 세포 속에 급작스러운 변화가 발생함으로써 시작된다.

2. 일단 한 세포가 암세포로 되면 그 자손도 전부 암세포가 된다.
   다시 말해 암의 성질 또는 특징은 유전된다.

3. 본래의 정상세포와 비교할 때, 암세포는 생존의 선택에 유리한
   성질을 획득한 것으로 보인다.

4. 암을 유발하는 것은 화약약품, X선, 자외선 등인데, 이들은 대
   부분이 돌연변이를 일으키는 요소들이다.

이렇게 볼 때 암의 직접적인 원인의 하나는 DNA에 일어난 급작스러
운 변화인 돌연변이라고 생각된다.

바이러스와 암

어떤 종류의 바이러스는 암을 일으킬 수 있다. 이 사실은 앞에서 말한
돌연변이에 대한 이야기와 흥미 있는 연관성을 가지고 있다.

앞에서 취급한 모델 시스템을 다시 한번 보자. 이것은 아주 흥미 있는
모델로서 오늘날의 암 연구에 큰 자극을 주고 있다. 앞 장에서 어떤 바이
러스(박테리오파지)는 세균을 먹는다고 이야기했다. 이 바이러스는 자신의
DNA를 세균 속에 주사하고, 그러고 나면 세균의 모든 장치는 바이러스
를 생산하는 일에 동원된다.

그런데 바이러스가 세균의 세포 속에 들어간 이후 전혀 예상치 못한
기묘한 일이 때때로 일어난다. 즉 바이러스의 DNA가 세균의 DNA 속으

로 조용히 섞여 들어가는 것이다. 이것은 바이러스의 유전자와 세균의 유전자가 결합하는 것이다. 그러므로 이때는 새로운 바이러스가 전혀 만들어지지 않는다. 세균의 세포는 아무 일도 없었던 것처럼 분열을 계속한다. 그러나 여기에는 대단히 중대한 일이 벌어지고 있다. 즉 바이러스의 DNA에 감염된 세균과 그 자손들은 전부 바이러스의 DNA를 가지고 있으며, 또한 그 결과 성질과 행동도 변하고 만다는 것이다.

이건 무슨 일일까? 바이러스의 유전자가 지금은 세균 DNA의 일부가 되어 그 기능까지 나타내고 있는 것이다. 바이러스의 유전자는 mRNA의 제조를 지령하고, 그에 따라 만들어진 mRNA는 세균의 리보솜으로 가서 새로운 단백질 조립을 지시한다. 이 단백질은 세균의 몸이 되고 또 그것은 세균의 성격을 바꾼다. 결론적으로 말하자면, 그 세균과 그 자손이 이제는 전부 그들의 DNA 속에 일부의 바이러스 유전자를 갖게 되어 성질까지 변한 것이다.

이것은 세균에게는 대단히 불길한 바이러스의 행동이다. 그런데 동물체에 발생하는 많은 암이 바이러스 때문에 일어난다는 것을 알면, 이러한 현상을 암 연구에서 크게 주목해야 할 것이다. 실제로 암 바이러스가 동물세포 속에서 하는 짓을 보면, 세균 바이러스가 세균세포 속에서 하는 행동과 대단히 비슷하다. 세포 속에 들어간 암 바이러스는 없어진 것처럼 보이나, 그들의 유전자는 세포의 DNA와 결합하고, 그에 따라 세포의 성질이 영구히 변하게 된다. 이렇게 되면 변화는 악성화한다.

바이러스와 돌연변이 이야기를 합해 놓고 보면 다음과 같은 중요한 일반론을 얻게 된다. 바이러스로부터 온 새로운 유전자라든가, 아니면 돌연변이로 변화된 유전자는 세포 안에 새로운 단백질을 만들 수 있다. 이 단백질이 이번에는 세포로 하여금 더욱 빠르게 분열하게 하고, 비화합적인 행동을 하도록 세포 표면에 변화를 일으키며, 그 외에 여러 가지 암적인 성질을 나타내게 할 수 있다.

바이러스가 원인이 아닌 암도 많다

바이러스와 관계가 없어 보이는 암도 대단히 많다. 인간이 걸리는 암은 전부가 그렇다. 그렇다고 해서 인간의 암이 바이러스와 관계가 없다는 것은 아니다. 다만 인간의 암이 바이러스에 의해 일어남을 증명하지 못하고 있는 것이다. 사실 암 속에서 바이러스를 찾아낸다는 것은 대단히 어려운 일이다. 바이러스는 때로 자신의 존재를 숨기는 대단한 재능을 가진 것처럼 보인다.

암에 대한 신체의 반응

암세포는 이웃과 친하게 지내지 못하고 비사교적이며, 서로 떨어지려 하는 경향이 있다고 말했을 때, 여러분은 그것이 "표면 현상"이라는 것을 알았을 것이다. 암세포는 세포와 세포의 접촉에 의해, 그리고 표면과 표면의 상호작용으로 이웃세포를 감지(Feel)한다. 이것은 암세포의 표면이 암세포로 변하기 전의 세포 표면과 확실히 달라졌다는 것을 의미한다. 이 사실은 앞에서 설명했다.

암세포의 표면이 원래의 정상적인 세포의 표면과 달라져 있다고 한다면, 그 차이는 아주 낯선 정도일까? 다시 말해 암세포의 표면은 신체의 방위조직인 면역 시스템에게 "미지의 침입자"로 생각될 만큼 정상세포의 표면과 크게 달라져 있을까? 사실 그렇다. 암세포는 면역반응을 유발하는 것으로 보인다. 즉 몸의 방위조직은 약하지만 암세포에 반응하여 그것을 파괴하려고 애쓴다. 이 지식은 우리들에게 희망을 준다. 왜냐하면 신체가 암에 대해서 자신을 지키려 한다면 전염병의 치료에서 잘 알려진 면역의 원리를 이용한 백신을 써서 몸의 방위력을 보강할 수 있을지도 모르기 때문이다(소위 암의 면역요법이다).

암과 우리들의 환경

암은 우리가 먹고 마시고 호흡하며 기타 여러 가지 형태로 접촉하는 것에 의해 발생한다고 하는 견해가 있는데, 이 견해를 지지하는 증거가 점점 늘어나고 있다. 증거는 3가지가 있다. 첫째는 여러 가지 형태의 암이 생겨나는 그 발생률이 세계의 지역에 따라서 크게 다르다는 점이다. 둘째는 한 무리의 사람들이 살던 고향을 떠나 외국에 가서 영구히 살게 되었을 때, 그 자손들이 어떤 형태의 암에 걸리는 발생률이 고국과 다르다는 점이다. 예를 들어 일본에서는 위암 발생률이 높은데, 미국으로 이민 간

자손들에서는 위암 발생률이 고국의 약 5분의 1로 줄어들어 다른 미국인과 같은 수준이 된다. 그리고 동양인들은 유암(유방암)의 발생률이 낮은데, 미국으로 이민 온 사람들은 발생률이 6배로 늘어난다. 세 번째는 대기나 물이나 음식 중에 들어 있는 많은 화학적 오염물질에 발암성이 있다는 것이 증명된 것이다.

이 지식은 어떤 의미에서 우리에게 용기를 준다. 왜냐하면 그것이 사실일 때 환경오염을 조정하면 암을 근절할 수 있을지도 모른다는 기대를 가질 수 있기 때문이다. 그러나 이것을 실현한다는 것은 대단히 어렵다는 것을 알고 있다. 담배가 얼마나 유행하고 있는지를 보자. 담배야말로 모든 암 가운데 가장 악성인 폐암을 일으키는 중요 원인이란 사실이 20여 년 전부터 충분히 알려져 있음에도 불구하고 사람들은 담배를 끊지 않는 것을! 미국에서만 해도 담배로 인한 폐암으로 1년에 10만 명에 가까운 사람이 죽고 있다.

직접적인 원인과 먼 원인

바이러스, 돌연변이 그리고 환경 요인에 의한 암의 발생은 서로 상충되거나 모순되지 않는다는 것을 이해해야 한다. 돌연변이와 바이러스는 직접 DNA를 변화시켜 암을 일으킨다. 즉 돌연변이는 어떤 원인이 있어서 일어난다. 그 원인으로 인해 환경 속에 산재하는 화학물질이 몸속으로 들어가 DNA를 변화시켰을 가능성도 있다. 또 환경물질에 의해 활성화된 바이러스가 암을 유발할 경우도 있을 것이다. 그러므로 환경물질은 암의 먼 원인이 되고, 돌연변이나 바이러스는 훨씬 직접적인 원인이 된다.

위스콘신대학의 제임스 미러와 엘리자베스 미러는 "발암물질"이라고 불리는 화학물질은 몸 안에서 DNA, RNA, 그리고 단백질과 결합할 수 있는 특성을 가진 물질로 변화된다는 것을 밝혔다. 우리의 환경 속에는 여러 종류의 발암물질이 있지만, 이들 물질은 세포 속으로 들어가면 일반적인 물질로 변한다. 그러므로 실제적인 발암물질은 우리 몸속에서 만들어진다. 즉 우리의 몸이 무해한 물질을 치사(致死)물질로 변화시킬 수 있는 것이다. 또한 미러의 연구는 같은 물질에 대해서 왜 어떤 동물은 암에 걸리고, 어떤 동물은 걸리지 않는지도 밝혀냈다. 즉 암에 걸리는 동물은 세포 속에 그 화학물질을 발암물질로 변화시키는 효소를 가지고 있으나, 암에 걸리지 않는 동물은 그러한 효소를 가지고 있지 않다는 것이다.

우리는 우리의 환경을 조절할 수 있다는 보증이 전혀 없다. 그리고 암은 공업이 환경을 오염시키기 전에도 우리를 괴롭혀 왔다. 암을 예방하고 치료하는 확실한 최종적 방법은 정상적인 세포가 암세포로 이행해 갈 때 그 내부에서 어떤 일이 일어나는지 자세히 밝혀내야만 강구될 수 있는 것이다.

암의 성장을 저지할 수 있을까?

어떤 종류의 암세포는 본래의 정상적인 세포로 되돌아갈 수 있는 것

같다. 이것은 암 상태가 역행 불가능한 것이 절대 아니라는 것과 암세포 중에는 정상상태로 되돌아가는 잠재능력이 남아 있다는 것을 의미한다. 이렇게 말할 수 있게 된 것은 필라델피아에 있는 폭스체스 암센터의 베어트리스 민츠 박사가 다음과 같은 실험을 했기 때문이다.

"기형종(奇形腫)"이라고 불리는 쥐의 암세포를 실험실의 배양접시 속에서 배양하고 있는 쥐의 초기 배(胚)에 넣어 준다. 다음에 이 배를 어미 쥐의 자궁 속으로 이식하여 발육시킨다. 이렇게 태어난 쥐의 새끼는 자기 자신의 세포와 지금은 정상으로 행동하게 된 기형종 세포와의 혼합체이다. 그런데 아직도 암세포가 존재하고 있다는 것은 암세포의 유전자가 작용하고 있다는 사실을 보아 확실히 알 수 있다. 예를 들면, 검은 털을 가진 양친으로부터 태어난 쥐이지만, 암세포의 유전자에 의해 규정되는 흰 털의 반점을 갖게 된다는 것이다. 이 경우 암세포는 정상적인 행동을 하면서, 암세포였던 때는 절대 발현하지 않던 기능을 발현하고 있는 것이다. 따라서 배 내부의 세포적 환경은 암적인 상태를 억제할 뿐만 아니라 정상상태의 발현을 촉진한다는 것도 중요한 것이라고 생각된다. 배 속에 들어간 암세포는 독립된 세포 그대로 남아 결코 주변 세포에 융합되거나 하지 않는다. 단지 발암성을 잃었을 뿐이다. 그리하여 암세포로 변화되기 전의 정상적인 쥐의 세포와 완전히 똑같이 성장하여 자기의 유전자를 발현하는 것이다.

이러한 현상의 발견을 어느 범위까지 일반화시킬 수 있는가는 아직 미지수이다. 이 실험은 기형종이라고 하는 아주 특수한 암이기 때문에 성공한 것이다. 그리고 그것은 암의 성장을 조절할 수 있을지도 모른다는 하나의 증거를 제공한다는 점이 중요하다. 즉 암세포이지만, 발육하고 있는 배 속에서는 정상으로 존재하는 인자에 의해 정상적인 상태로 되돌아갈 수 있다는 증거가 되는 것이다. 이 발견은 확실히 많은 의미를 포함하고 있다.

그 외에 아주 인공적인 것도 암세포의 성장을 정지시킬 수 있다. X선이나 기타의 방사선은 암세포를 죽인다. 암세포의 성장을 더디게 하거나 정지시키기 위해 현재 여러 가지 약품이 사용되고 있다. 세포의 기능을 조절하는 중요한 역할을 맡고 있는 호르몬까지 암의 성장을 늦추는 효과가 있다. 이러한 물질은 대부분 암세포의 내부에서 일어나고 있는 아주 중요한 과정을 방해하는 것이다. 그러나 유감스럽게도 이들은 몸의 정상 세포에게도 같은 효과를 미친다. 그러므로 의사는 암세포는 죽이지만 환자 자신의 다른 정상세포에는 가능한 한 나쁜 손상이 일어나지 않는 의약과 방사선과 외과수술이 실현되도록 노력해야 한다. 이러한 방향으로의 성공 예가 증가하고 있다. 암의 본질에 대한 탐구가 계속되는 동안에 언젠가는 모든 암을 치료 또는 예방하는 데 성공하리라고 믿어지는 좋은 이유가 많이 있다. 이러한 낙관론을 뒷받침하는 것은 암이 세포의 병이라는 것, 세포에 대한 이해가 크게 진보하고 있다는 것, 그리고 암이 외부적으로는 많은 원인에 의해서 유발되는 것처럼 보이지만, 내부적으로 볼 때 방아쇠를 당기는 중심적인 메커니즘은 단 하나밖에 없어 보이는 것 등이다.

9장

연구

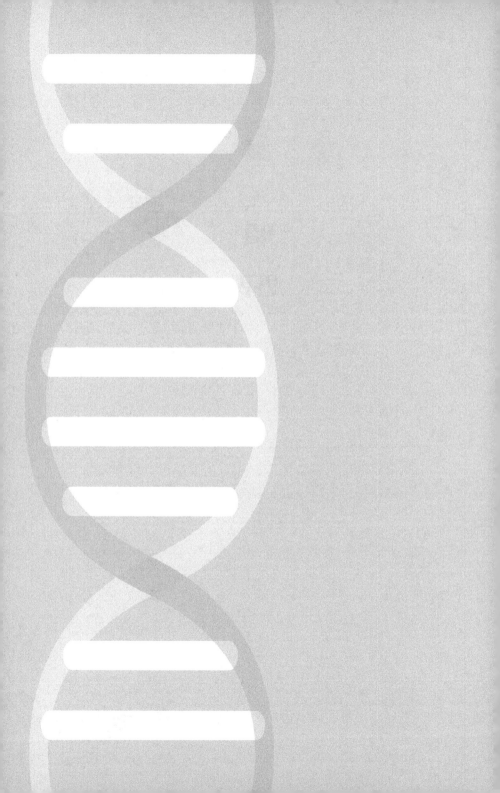

이 책에서 지금까지 소개한 여러 가지 지식은 대부분 우리 인간이 최근 200~300년 동안에, 다시 말해 진화의 시간에 비해 극히 일부에 지나지 않는 사이에 발견한 것들이다. 만일 지구상에 생명이 탄생한 이래 지금까지를 달력의 1년으로 축소한다면, 인간이 효과적으로 지식을 모은 시기는 최후의 몇 초 동안에 불과하다. 인간은 어떻게 그렇게 짧은 시간에 자기 자신에 대해서 그만큼 많은 것을 알아내게 되었을까? 그리고 이 과정은 인류가 행한 다른 진리 탐구의 노력과 어떤 연관을 갖는가? 이 장에서는 그러한 것에 대해 생각해 보기로 하자.

지식을 모으는 과정

인간이 이룩한 엄청난 지식의 축적은 우리의 용감함과 타고난 호기심, 그리고 지식에 대한 끊임없는 갈망에 그 뿌리를 두고 있다. 태초부터 우리는 모든 것이 신비한 가운데서 그 신비를 이해하려고 부단히 노력해 왔다. 가족을 구성하는 것, 전쟁을 하거나 농사일을 하는 것, 또 바다를 항해하거나 육지를 탐험하는 것, 이 모든 인간의 노력에는 언제나 미지가 동반자였다. 그러나 인류는 지식을 수집하는 데 성공함으로써 불확실과 의심스러움과 공포가 없어졌다. 또 이해의 즐거움과 확신하는 예언의 만족을 맛보았다. 그리고 사물을 바르게 배열하고 자연을 제어하는 힘을 얻게 되었다.

관찰

호기심은 탐구라는 형태로 행동을 유발한다. 우리가 불을 얻기 위해 돌을 두들길 때, 북극이나 남극에 도달하기 위해 개 썰매를 타고 얼음 위를 수천 킬로나 달릴 때, 수천 미터나 되는 고산에 오르고 또 수천 길이나 되는 바다 밑에 이를 때, 하늘을 나는 비행기를 만들 때, 유전에 대해 연구하기 위해 수천 마리의 초파리를 살피고 기록할 때, DNA의 구조를 보여주기 위해 철사와 카드보드로 모형을 만들 때, 이 모든 경우에 우리는 탐구하고 있는 것이다. 탐구란 관찰 즉 보고, 듣고, 만지고, 냄새 맡고, 맛을 보고 질문하는 것이다. 그리고 우리는 이러한 관찰의 결과를 잊어버리지 않도록, 또 그 지식을 남에게 정확히 전달하기 위해 기록으로 남겨두는 것이다.

아이디어

미지의 것을 알기 위해서는 호기심과 사실의 수집만으로는 불충분하다. 인간이 아닌 동물도 호기심은 가지고 있지만, 지식을 쌓지는 못한다. 진실을 추구한다는 인간만의 특성은 아이디어의 창출과 그에 대해 실험하는 능력에 의해 그 빛을 더한다. 아이디어(이론 또는 가설)란 관찰된 사실들을 연관시키는 미래 기대적인 방안이다. 아이디어란 의미 없는 것을 의미 있는 것으로 하려 한다. 말하자면 뉴스 방송에서 어떤 정보를 얻었다고 가정해 보자. 여러분은 사실들에 의미를 부여하고, 보다 큰 범주 안에서 그 의의를 생각해, 그들 사이의 인과적인 관계를 찾으려 할 것이다. 예를 들어 유조선이 침몰하여 원유를 바다에 흘리는 비슷한 사고가 몇 차례에 걸쳐 단기간 사이에 일어난다면, 여러분은 그것의 공통된 사고 원인을 생각할 것이다. 사람의 마음은 우연의 일치를 싫어하여 의문을 가지고 원인을 찾으려 한다.

인간의 두뇌는 상상한다고 하는 훌륭한 능력을 가지고 있으며, 아이디어는 이 상상력과 복잡한 형태로 연관되어 있다. 상상력은 가능성의 연관 관계를 구상하게 한다. 그 구상이 일단 형성되면, 우리는 시험받지 않은 그 아이디어에 대해 이론적인 설명을 구한다.

아이디어를 시험한다

아이디어란 그 자체가 아무리 훌륭한 것이라고 해도, 그것은 생각에 불과한 것이다. 아이디어란 지능의 창조물이다. 그것은 마치 대지 위에 꽃과 풀이 자라고, 불꽃에서 연기가 나는 것과 같다. 아이디어란 반드시 옳을 필요가 없다. 이러한 의미에서 아이디어란 유연성을 가지고 시작된다. 그리하여 그것은 실험적 증명에 의해 확고해지는 것이다. 어떤 아이디어가 진실에 이르기 위해서는 그것을 시험하여 자연과의 진실된 합치가 밝혀져야 한다. 아이디어가 자연의 진실과 일치됨을 확인하는 최선의 방법은 그 아이디어가 어떤 예측을 허용하는가를 찾아보는 것이다. 그것은 요행이 아니고 모순이 없는 것이어야 한다.

만일 하나의 아이디어가 어떤 문제에 대한 인과관계를 나타낸다면 그들에 대한 관계를 따져감으로써 그에 따른 예측이 생겨날 것이다. 만일 어떤 예측도 나오지 않는다면 그 아이디어는 결함이 있는 것이다. 결함이 있고 실패한 아이디어라고 모두 나쁜 것은 아니다. 어떤 아이디어에서 비롯되어 일련의 실험이 개시되고 그 실험이 결국 아이디어와 일치되지 않는다는 것이 증명되더라도, 그 도중에 별개의 새로운, 또 올바른 통찰의 길이 열릴지도 모른다. 필자가 앞에서 이야기한 식물을 이용한 실험은 잘못된 아이디어로 시작되긴 했으나, 식물의 성장과정에 베릴륨이 부분적으로 마그네슘을 대역할 수가 있다는 매력적인 사실을 알게 되었다.

가령 여러분의 승용차가 고장을 일으켰다고 해보자. 뚜껑을 열고 내부를 조사한 뒤, 사고는 연료펌프의 결함 때문이라는 아이디어가 떠올랐다고 하자. 여러분은 연료펌프를 교환하면 엔진이 동작할 것이라고 예측한다. 만일 그 예측이 옳았다면, 여러분의 아이디어는 진실을 예측한 훌륭한 것이다. 여기에 더하여 만일 여러분의 예측이 일반화된다면, 즉 고장난 자동차가 이러이러한 증상을 보인다면 그것은 모두 연료펌프를 교체할 필요가 있다고 말할 수 있게 된다. 그러면 여러분의 아이디어는 한층 더 훌륭한 것이 된다.

아이디어를 확인하는 길은 실험하는 것이다. 아이디어란 실험할 수 있어야만 비로소 값진 것이 된다. 좋은 실험은 지금 이야기한 자동차의 연료펌프처럼 간단한 경우도 있고, 보다 많은 실험기구와 상상력을 요구하는 경우도 있다. 더욱 중요한 것은 좋은 모델 시스템을 선택하는 것이다. 예를 들어 인간의 유전에 대한 관찰이 반복된 결과, 그것을 설명하는 많은 아이디어가 나왔지만, 그 가운데 직접 실험까지 된 아이디어는 극소수에 지나지 않는다. 모델 시스템으로는 인간보다 실험하기 쉽고 또 다루기 편리하며, 1세대의 기간이 인간처럼 30년씩이나 되지 않고 단 몇 시간이면 족한 것이 필요했다. 그리하여 완두콩과 초파리, 빵곰팡이, 세균 등이 모델 시스템으로 이용되었고, 그로부터 인간의 유전을 이해할 수 있는 기초지식을 얻어온 것이다.

반복 실험

실험을 통해 만족스러운 예언의 확인이 이루어진다는 것은 대단히 즐거운 체험이다. 그런데 과학의 일이란 그렇게 간단히 끝나지 않는다. 실험 도중에 있었을지도 모를 실수의 가능성을 확인하기 위해 과학자들은 여러 가지 다른 방법을 써서 실험을 반복해야만 한다. 또 동료 과학자에게 청하여 자신의 아이디어와 실험 가운데 어떤 결함이 없는지 묻는다. 그리고 과학 학회에 출석하여 비판력을 가진 다른 과학자 청중 앞에서 자신의 발견을 발표한다. 이렇게 해야만 자신의 업적을 논문으로 발표하여 국제적인 과학자 사회에 그것을 알리고, 또 그 연구를 계속해갈 수 있는 것이다. 대개의 과학적 발견은 그 실험이 몇 사람의 다른 과학자에 의해 확인된 후에야 비로소 진리로서 널리 인정되며, 그때서야 아이디어가 관찰을 통한 진실로 확립되는 것이다.

이것은 쉬운 일이 아니다. 과학자가 어떤 중요한 진리를 찾아낸다는 것이 얼마나 어려운 일인가를 결론적으로 설명해 준 것이다.

예상외의 일에 대한 대비

지금까지의 이야기는 전적으로 논리적 과정이란 것을 여러분도 동의할 것이다. 그런데 예상치 않던 일이 때때로 일어난다는 것을 말하지 않을 수 없다. 실제로 예상 밖의 일이 종종 일어나는 것에 대해 충분히 대비를 한다는 것은 지식을 수집하는 사람들에게 필요한 또 하나의 중요한 자질이라고 생각된다. 예상외의 발견은 실험 계획의 실수 때문에 일어날 수도 있고, 본래의 아이디어가 잘못되어 나타날 수도 있으며, 완전히 사소한 원인 때문에 이뤄질 수도 있다. 그러나 무엇보다도 먼저 과학에서의 경이(驚異)는 본질적인 과학의 사명에서 얻어져야 할 것이다. 과학의 대상은 언제나 "미지" 그것이다.

어떤 발견 이야기

유리 접시의 밑바닥에 젤리 상태의 영양물질을 펴놓고 그 위에서 어떤 병원균을 배양한다고 하자. 어느 날 아침 실험실에 들어가 본즉 몇 개의 접시 가운데 한 개가 기묘한 모습을 하고 있다고 느껴진다. 보통 때라면

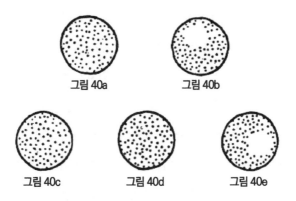

그림 40a   그림 40b

그림 40c   그림 40d   그림 40e

〈그림 40a〉처럼 보인다. 여기서 하나하나의 점은 단 1개의 세포로부터 성장한 세포의 군집이다. 그런데 한 접시가 〈그림 40b〉처럼 보인다.

즉 세균이 성장하지 않는 넓은 공간(구역)이 생긴 것이다. 여러분이 취할 최초의 행동은 그렇게 망친 접시를 쓰레기통에 버리는 것이다. 그러나 곧 이 예상외의 거추장스러운 관찰은 여러분의 눈길을 끈다. 여러분은 세균이란 이유 없이 배양기 속에서 다른 부분과 구별되지 않는다는 것을 알고 있다. 이 공간구역에서는 무엇인가가 세균의 성장을 방해하고 있는 것으로 보인다. 어제 아침 여러분이 접시 뚜껑을 닫는 사이에 무언가 유해한 것이 접시 속에 떨어지지 않았을까? 기억을 더듬어 본다. 창문이 열려 있었고, 방에는 약간의 먼지가 있었다. 먼지와 함께 어떤 독소가 접시에 떨어져 그것이 사방으로 분산됨으로써 세균이 자라지 않는 원형의 공지가 생겨났는지도 모른다. 여러분은 이 아이디어를 시험하게 된다. 새로운 접시에 약간의 세균을 산포하고, 그 중앙에 집의 먼지를 놓아본다. 이틀

뒤 세균은 가득 자라 〈그림 40c〉처럼 되었고, 공지란 전혀 없다.

여러분은 실망해서 흑판이 놓여 있는 곳으로 간다. 그때 이상한 것을 발견한다. 의자 뒤에 땅콩버터가 발린 샌드위치가 곰팡이 핀 상태로 떨어져 있는 것이다. 이번에는 그 샌드위치의 땅콩버터를 조금 떼어 내어 같은 실험을 해본다. 이틀이 지난 뒤 결과는 역시 〈그림 40d〉와 같다.

다시 실망하여 접시와 샌드위치를 쓰레기통에 버리고는 이제 손을 씻고는 이 이상한 현상에 대해 잊어버리기로 한다. 손을 씻는 동안에 청록색의 곰팡이 조각이 손끝에 묻어 있는 것을 발견하고는 그것이 샌드위치에 피었던 곰팡이의 포자라는 것을 알게 된다. 이때 머리를 스쳐 가는 아이디어가 있다. 빵곰팡이 포자가 접시에 들어갔을지도 모른다. 여러분은 곧 샌드위치에 생긴 곰팡이로부터 작은 덩어리를 떼어 내어 병원균이 산포된 접시에 놓고 같은 실험을 한다. 48시간이 지루하게 지나간다. 무슨 일이 일어날 것만 같다. 정말 그랬다. 〈그림 40e〉처럼 빵곰팡이를 중심으로 공지가 생긴 것이다. 빵곰팡이는 병원균의 성장을 허용치 않았던 것이다.

이 작은 픽션은 이미 설명한 과학적 발견의 특색을 일례로 쓴 것이다. 여기서 이야기를 끝내지만, 이것은 최고의 결과를 이미 가져다준 실화이다. 알렉산더 플레밍 경은 지금 필자가 이야기한 것과 비슷한 방법으로 1929년에 페니실린을 발견했던 것이다.

에이버리의 유명한 실험

DNA가 유전의 물질적 기본임을 증명한 에이버리의 실험을 다시 생각해 보자. 2장에서 에이버리는 폐렴을 일으키는 세균을 모델 시스템으로 사용했다는 것을 이야기했다. 그 전에 그는 폐렴을 일으키는 죽은 세균으로부터 얻은 분자의 혼합물이 살아 있는 비병원성 세균을 병원성 세균으로 변화시킨다는 사실을 관찰했다. 그가 생각해 낸 아이디어는 그 혼합물 속에 포함되어 있는 것 중 변화를 일으킨 장본인은 DNA라고 생각한 것이다. 그는 첫 실험으로 죽은 세균에서 꺼낸 분자의 혼합물에 DNA를 파괴하는 효소를 첨가하여 결과를 보는 실험을 구상했다. 만일 그러한 병원균으로의 변화를 일으킨 것이 DNA라면, 이 효소의 처리로 인해 그 혼합물이 가지고 있던 비병원성의 세균을 병원성 세균으로 바꾸는 능력은 없어질 것이라고 예견한 것이다. 결과는 예견했던 대로 나타났다. 이 지극히 간단한 실험이 에이버리의 예측을 뒷받침해 주었고, 이후 많은 과학적 실험연구에 영향을 미친 하나의 새로운 사실로서 인정받게 된 것이다. 증거를 보다 확실하게 하기 위해 많은 노력이 더 필요하겠지만, 이러한 결과에서 볼 때 DNA가 유전물질의 기초가 된다는 것은 전혀 의심의 여지가 없는 것이다.

과학의 한계

이미 말했듯이, 아이디어란 아이디어를 시험하기 위해 사용되는 실험을 시사하는 경우가 흔히 있다. 만일 어떤 사람이 이러이러한 일이 일어날 것이라고 예측하여 그것이 언제나 맞아떨어진다면, 그러한 예측의 기초가 된 아이디어는 진리로서 널리 인정되어 "자연법칙"이라든가 "자연원리"라고 불리게 된다. 우리가 이 책에서 논한 진리는 그러한 것들이다. 한편으로 우리의 일상생활에서나 사회학, 심리학, 철학, 종교 등에서 흔히 "좋은 아이디어"라고 불리는 것이 있는데, 그러한 것은 영감이 있고, 훌륭하고, 교묘하다고 판단되는 아이디어들이다. 그런데 이러한 아이디어는 과학의 평가 기준에서 보면 반드시 좋은 것은 아니다. 왜냐하면 그러한 아이디어란 실험될 수 없는 복잡한 현상에서 반응되어 나오는 것이기 때문이다. 따라서 이런 분야의 아이디어로부터 나온 예측은 그대로 실현되는 경우가 아주 드물다.

위대한 화가가 그림을 통해 "진리"를 표현한 것이라든가, 심리학자나 정신의학자가 인간의 행동에 대해서 분석한 진리, 그리고 신학자가 신의 존재에 대해서 발견한 진리 등을 말할 때, 그때의 진리란 말은 과학에서 의미하는 "진리"와는 다른 것이다. 우리가 지금까지 논한 과학적 평가 기준을 이런 경우에는 적용할 수 없다. 그러므로 이러한 탐구자들이 언급한 설명은 많은 사람에게 하나의 진리가 나온 직관적 지각을 준다고 하는 것이 더 정확하겠다. 그것에 공감하지 못 하는 사람도 많이 있으므로, 그러한 진리란 만인에게 인정될 수 없는 것이다.

인간의 행위와 가치라고 하는 복잡하고 신비스러운 영역에서 아이디어란 것은 흔하고 평범한 것이다. 우리는 자신의 주변에서 경험하는 잡다

한 인간의 사고와 행동의 표현을 이해하려고 애쓰는 사이에 자유로운 각자의 아이디어가 나오게 된다. 아이디어가 그렇게 풍부하게 나올 수 있다는 것은 그것을 비평할 수도, 시험할 수도 없기 때문이다. 사실 증명이 어렵다는 것이 어떤 사람에게는 매력적이기도 하고, 반대로 그 때문에 배척되기도 했다. 역사를 통해서 볼 때, 인간의 사고와 탐구에 대한 모든 분야에 걸친 끈질긴 도전은 시험 가능한 아이디어를 안출해 왔다.

인간의 딜레마는 흔히 시험되지 않고 또 시험 불가능한 아이디어의 불확실한 주장 아래에서 개인적 또는 사회적 행동을 해야만 하는 데도 있었다. 개인과 정부는 대단히 제한된 지식만으로도 어떤 결정을 해야 한다. 어쨌든 현재 이용 가능한 지식으로 정치적 결정을 합리적으로 시달할 수 있는 범위가 어느 정도 넓은가 하는 것은 그 국민이 가진 지혜의 정도를 재는 척도가 된다. 합리주의란 과학의 원리와 방법을 일반적으로 과학이 다루려고 하는 것보다 큰 문제에 응용하는 것이라고 했다.

과학이 인간의 행동에 연관된 보다 복잡한 분야 그 이상으로 고상한 것이라고 말할 수는 없다. 단순히 과학이란 언제나 간단한 의문을 가질 뿐이다. 과학은 의도적으로 작은 의문을 조사하도록 연구를 제한한다. 그렇게 함으로써 명쾌하고 한정된 대답을 얻는 것이다. 또 많은 작은 의문은 많은 작은 대답을 준다. 그 어떤 대답이든, 또 누구의 의문이든, 중심이 되는 실험을 반복해 보는 노력이 없이는 정당한 확인이 나올 수 없는 것이다. 그러므로 과학은 자기 스스로 한계를 정한다. 과학에서 진리라고 선언되는 것은 실험으로 증명되는 것이어야 한다. 그렇지 못하다면 그러한 선언은 가치가 없다. 이렇게 해서 얻은 진리는 긴 세월에 걸쳐 축적되고 지속되어 인간의 생활에 많은 영향을 준다.

정신병과 화학적인 뇌

아주 오랜 옛날부터 인간은 인간의 마음에 대해서 강한 매력을 느껴왔다. 특히 정신병은 우리를 두렵게 하는 한편으로, 그에 대한 설명이 강력하게 요구되어 왔다. 지난날, 정신병이란 신, 악마, 또는 복잡한 사회와 가정의 상호작용이 원인이 되어 발병한다고 하는 아이디어가 나왔다. 앞에서 본 바와 같이 이 같은 설명을 실험으로 확인해 본다는 것은 무리한 일이다. 인간의 의식이 하는 일은 모두 너무 복잡해 그것을 다루어 볼 과학적인 방법이란 지금도 없다. 그럼에도 불구하고 수많은 아이디어들이 진리로 인정될 뿐만 아니라 정신병 치료의 기초가 되고 있다.

정신병에 대해 인간이 가졌던 관심의 역사는 어느 정도 모순도 있었고 또 예상외의 전환도 있었다. 인간은 오랫동안 여러 가지 형태의 정신요법으로 정신병을 이해하고 치료하려고 애써왔으나 예상과는 달리 성공하지 못했다. 그러나 그러는 사이에 인간의 행동은 화학물질에 의해 극적으로 변화될 수 있다는 것을 보여 주는 증거를 잡았다. 생명의 과정은 화학의 과정이다. 그 사이에 정신병의 증상을 현저히 경감시키는 천연 또는 인공적인 화학물질이 생산되기 시작하여 그 수가 점점 증가하고 있다. 우리 사회에서 의약으로 오용되어 비참한 결과를 허다하게 낳은 마약은 정신 과정이 화학 과정이란 것을 잘 증명해 준다.

몇 해 전 펠라그라(Pellagra)라고 하는 이유를 알 수 없는 정신이상이 비타민B(특히 니코틴산)를 투여하면 완전히 영구적으로 치료된다는 사실이 발견되었다. 하룻밤 사이에 그 정신병의 원인이 비타민부족증이라는 것을 알게 된 것이다. 정신분열증과 비슷하며, 심각할 뿐만 아니라 환자가 많은 또 하나의 정신병도 연구 결과 항생물질로 치료할 수 있게 되었는데, 그것은 매독이다.

1960년경 탄산리튬이라는 간단한 화학물질을 정기적으로 복용하면 조울증 증상이 발현되는 것을 예방할 수 있다는 사실이 발견되었다. 곧 그 무섭고 널리 발생하던 증상은 치료할 수 있게 되었다. 조울증이 리튬으로 치료된다는 것은 경험적 관찰에서 발견된 것으로 뇌화학의 지식에서 예측된 것은 아니다. 그런데 흥미로운 것은 리튬과 나트륨은 대단히 연관성이 큰 물질이며, 나트륨은 뇌의 기능에 필수적인 물질이란 것을 오래전부터 알고 있었다는 것이다. 하지만 리튬이 뇌에서 어떤 작용을 하는지는 아직도 잘 모르고 있다.

화학물질의 효과는 대부분 우연한 기회에 발견되었지만, 과학자들은 그로 인해 인간의 행동을 정확히 연구할 수 있게 되었다. 그리고 정신병의 비극적인 모든 증상을 경감시키는 방법이 비약적으로 발전된 것은 바로 이 때문이며, 앞으로도 이 방면의 진보는 계속되리라고 기대해도 좋을 것이다.

기초연구와 응용연구

지금까지 필자는 일관하여 "과학"과 "연구"라는 말을 새로운 지식을 탐구하는 기초연구라는 의미로 사용해 왔다. 나아가 응용연구 또는 기술이라고 불리는 보다 넓은 연구 활동 분야가 있다. 이것은 기초연구로부터 얻은 지식을 응용하여 인간에게 필요한 것을 연구하는 분야이다.

기초연구와 응용연구는 전혀 다르다. 응용연구 분야는 기초지식을 이용하기 때문에 일정한 생산 목표를 설정할 수 있으며, 연구자들은 팀을 구성하여 정해진 과제를 할당할 수 있다. 그리고 팀의 리더는 결과적인 업적을 쉽게 평가할 수 있으며, 계약을 맺을 수도 있고, 기업은 자본을 투자하여 사업을 계획할 수도 있다. 예를 들면, 달이나 화성으로의 비행계획을 세워 그것을 실천한다든가, 국민의 건강을 위해 소아마비 백신을 대량생산한다든가 하는 것이 여기에 속한다.

이와 대조적으로 기초연구는 미지의 세계를 탐구한다. 여기엔 안내자도 필요 없다. 연구자에게 필요한 것은 그의 재능과 상상력과 호기심이다. 언제나 예기치 않은 일이 일어나며, 그때마다 스스로 그것을 해결해야 한다. 거기엔 예정된 시간계획도 없다. 성과는 몇 년이 지나야 평가되며, 그 사이에 과학자는 재능과 이론을 끊임없이 발전시켜 가야 한다.

응용연구자는 이미 알려진 원리를 사용하여 자신의 특별한 과제를 성취하도록 자신의 재능을 다해야 하고, 기초연구자는 원리를 찾아내는 데 자신의 능력을 다해야 한다.

점진적으로 진행된 새로운 지식의 전선(前線)이 없었더라면, 기술은 마치 혼자서는 일어서지도 못하는 거인과도 같을 것이다. 이 문제의 본질을 보려면 미국의 의학계를 예로 드는 것이 좋겠다. 그간 기초연구 덕분에 많은 질병이 퇴치되고 또 치료술이 발전했다. 그러나 우리를 괴롭히는 질병은 아직도 많이 남아 있으며, 그것은 광대한 연구 분야가 되고 있다. 암, 심장병, 뇌일혈, 유전병 그리고 기타 많은 질병이 새로운 지식을 요구하고 있다. 한편 응용연구에서는 점점 더 정교하고 값비싼 의료기계를 생산하게 됨으로써 필연적으로 의료비는 증가하고, 그에 따라 소수의 환자만이 그 혜택을 입는 실정이다. 암 치료를 위한 외과 수술실, 신장투석 기계, 인공심장, 기타 온갖 원리를 적용한 여러 가지 정교한 장비들은 질병에 대한 지식의 부족을 극적으로 표현하는 값비싼 보충 수단이라 하겠다.

미국에서 의료와 건강관리를 위한 비용은 이제 연간 2천억 달러를 넘어서 자꾸만 증가하고 있는 현실이다. 그러나 의학의 기초연구를 위해 제공되는 연구비는 전체 의료비의 0.5%에도 미치지 못하고 있다.

과학의 경제 원조

기초의학연구에 주어지는 경제 원조는 이처럼 보잘것없는 것이지만, 다행스러운 것은 그것이 대단히 좋은 방법으로 배분(配分)되고 있다는 점이다. 그것은 각종 장학금제도이다. 특별히 장래가 촉망되는 학생들에게 학위를 얻기 전이든, 또 학위를 가진 후라도 몇 년 동안 급료를 주는 제도가 있다. 이 제도에 의해 해당 학생은 실험실에서 자신이 선택한 교수와 더불어 몇 해 동안 전공 분야에 관해 훈련받고 또 연구할 수 있다.

그 뒤에도 학생은 대학 또는 연구소에서 독립된 연구자로서 자신의 생계를 위한 보조금 신청을 할 수 있다. 이 보조금 신청에서는 자신이 다루고 싶은 문제, 그의 아이디어, 계획하는 실험 내용, 그리고 그의 연구가 인간의 건강 증진을 위해 대단히 중요하다는 신념을 명확하게 기재해야 한다. 이러한 신청은 젊은 과학자들에게 대단히 중요한 일이다. 자신의 미래를 궤도에 올려놓도록 상상력과 재능을 총동원하여 이 일을 해야 하는 것이다.

이 신청은 정부가 의뢰한 과학자로 구성된 컨설턴트에 의해 신중하게 심사된다. 이 과학자들은 과학적 가치에 따라 그 신청에 우선순위를 지정한다. 그 뒤 해마다 의회가 인정한 자금이 제공되고, 그 우선순위에 따라 신청한 보조금이 지급된다. 이후 연구자가 자신이 실행한 연구 결과를 발표하는 데는 상당한 자율성을 가질 수 있다.

기초과학에 경제 원조가 주어지는 이 제도는 대단히 좋은 제도라고 하겠다. 이 제도는 가장 전도가 유망한 계획을 선택할 수 있으며, 독립성과 독창성을 장려하고, 또 과학자의 자발성과 책임감을 높이고 있다. 한편으로 이 제도는 합리적인 범위 내에서라면, 어떤 연구에서나 필요한 본래의 연구 대상을 벗어나 다른 과제를 추구할 수 있는 유연성도 주어져 있다.

지식의 이용

지식과 그것을 획득하기 위해 쓰는 방법은 도덕적으로 중립이다. 자연의 비밀이 있으면 사람은 그 비밀을 파고들기 마련이다. 그런데 사회가 지식을 이용할 때는 도덕적으로 중립적일 수가 없다. 지식은 힘이기 때문이다. 인류는 애초부터 좋은 일을 위해서건 나쁜 일을 위해서건 힘을 손에 넣으려는 욕망을 가지고 있었다.

건강에 관한 분야에서만 보더라도 지식에 대한 우리의 갈망은 우리에게 여러 가지 은혜를 주었다. 이를테면 평균 수명이 크게 늘어났고, 여성은 산아조절을 할 수 있게 되었다. 페스트라든가 콜레라, 결핵, 소아마비, 천연두, 디프테리아 등의 병은 근절 상태에까지 이르렀고, 한편으로 비타민의 필요에 대해 이해하게 됨으로써 영양 상태가 일반적으로 개선되었다. 또한 X선이 질병의 진단과 치료에 위력을 발휘하게 되었으며, 외과수술과 마취기술이 대폭 발전했다. 여러 가지 면역성 질환, 호르몬성 질환, 신경성 질환, 유전성 질환에 대한 예방과 치료법도 발전했다. 이러한 의학 발전의 업적은 실로 기념비적이다.

오늘날 기초과학은 빠르게 진보하여 지금까지 이 책에서 소개한 것과 같은 중대한 발견이 계속되고 있다. 따라서 이후 암이라든가 유전병, 심장혈관병과 같은 지금까지 남아 있는 인간을 가장 불행하게 하는 질병들도 효과적으로 치료할 수 있으리라고 낙관한다.

그러나 한편으로 어두운 면도 있다. 그것은 세계 곳곳에 세워져 있는 원자핵 장치에서 나온 방사선이 자연계에 축적된 무수한 DNA의 구조를 위협하고 있다는 것이다. 또 엄청난 추세로 늘어나는 공업 약품에 의해 물과 음식과 공기가 독소로 오염되고 있다. 또 태양으로부터 오는 강력한 자외선을 차단하여 지구상의 생물을 그로부터 보호해 주고 있는 오존층 이 파괴되고 있다는 현실이다. 그리고 산아제한 방법을 누구나 이용할 수 있게 되었음에도 불구하고 지구가 부양할 수 없을 만큼 인구가 늘어나고 있다. 지금 우리 인류는 최고의 행복을 향하거나 아니면, 단말마의 고통 으로 가거나 그 어느 쪽을 향해 스스로 경주하고 있는 것처럼 보인다.

과학연구는 통제되어야 하나

과학이란 지금까지 모르던 신비를 알려고 하는 것이며, 이미 자연계에 존재하던 것을 명확한 것으로 만들어 가는 것이다. 이렇게 얻은 지식은 개인이나 정부에 큰 힘을 준다. 그 힘은 사회의 가치관에 따라 좋게도 사 용될 수 있고 나쁘게 이용될 수도 있다. 만일 우리가 자유로운 사회 속에 서 지식이 악용되는 것을 방지하고 선용되도록 희망한다면, 그것은 인간 의 가치관에 의해 해결의 길을 찾아야 할 것이다. 이것은 당연한 일이다.

그런데 과학 자체를 억제하는 것이 간단한 방법이라고 말하는 사람들 이 있다. 오늘날의 연구는 모두 많은 자금을 요구한다. 따라서 연구자금 을 원조하지 않는다면 연구는 중단될 것이다. 만일 기초의학연구에 소모 되는 자금 원조를 삭감한다거나 하면 어떤 결과가 일어날까? 인간의 질 병에 대해 이해하려던 그들의 노력은 중단되고 말 것이다. 새로운 지식을 추구하는 연구가 억제된다면, 우리는 이미 알고 있는 지식만을 가지고 응용연구에만 치중해야 할 것이다. 예를 들어 소아마비 백신에 대한 기초연구가 금지된다면, 우리는 일단 소아마비에 걸린 사람의 치료를 위한 새롭고 보다 진보된 방법만을 연구해야 할 것이다.

만일 이처럼 새로운 지식의 탐구가 억제되고 현재 가진 지식만으로 대처해야 된다면 어떤 결과가 나타날지 충분히 짐작할 수 있다. 의학은 곧 단순한 소도구로 전락할 것이며, 의료비는 끊임없이 상승하고, 병세는 더욱 강해질 것이다. 지난 50여 년 사이에 역사상 유례없이 이뤄진 의학의 진보는 이제 그 발전의 문턱에 서 있으므로 인간의 고통을 덜어 줄 의학의 빠른 진보에 대한 우리의 기대는 한없이 클 수밖에 없다.

의학연구의 이익과 위험

최근의 유전자 재조합(再組合)에 관한 실험은 대중의 큰 주목을 끌고 있다. 그러한 실험이 인류에게 위험을 가져다줄 가능성이 있다는 주장이 나오고 있다. 이미 5장에서 논했듯이 어떤 동물이나 식물로부터 DNA 조각을 떼어 내어 그것을 세균의 DNA에 연결할 수가 있다. 그 후 세균은 분열하여 추가된 DNA의 복제품을 대량으로 만들게 된다. 즉 세균은 추가된 DNA의 조각을 대량 복제하는 공장 구실을 한다. 생물학자들은 이 기술을 유전자와 그 구조 및 유전자 작용의 스위치 동작을 이해하는 데 있어 가장 가치 있는 방법의 하나로 생각하고 있다. 앞에서 우리는 배발생과 암이라고 하는 문제를 다루었는데, 그때 이 새로운 기술이 유전자의 발현이라는 큰 과제를 연구하는 데 얼마나 중요한 역할을 하는지 알아보았다.

어떤 사람은 이러한 의문을 내놓고 있다. 추가된 유전자가 그 세균을 변화시켜 인간에게 아주 위험한 세균으로 만들게 하지 않을까? 또 그러한 실험은 잠재적으로 위험한 생물을 만들어 내 진화의 길을 부자연스럽게 만들지 않을까?

세포에 DNA를 첨가함으로써 세포를 변화시킬 수 있다는 것을 배웠다. 예를 들면 에이버리의 실험에서는 무해한 세균이 위험한 세균으로부터 DNA를 흡수하여 위험한 세균으로 되었다. 그러나 그러한 실험에서 일어난 세포와 DNA의 결합은 유전자 재조합과는 중요한 점에서 크게 다르다. 에이버리의 실험에서 일어난 DNA의 조합은 자연적인 것으로 그 세포 내부에서 그 세포 자신에 의해, 그 세포에 친숙한 유전자를 사용하여 이뤄진 것일 뿐, 새로운 것은 하나도 만들어지지 않았다. 위험한 폐렴구균은 예부터 지구상에 살고 있었던 것이다.

하지만 재조합된 유전자는 인공적인 것이다. 실험가는 특수한 기술을 써서 DNA 조각을 세균의 DNA 가운데에 이어 붙인다. 이 DNA는 나방의 것이라도 좋고, 코끼리의 것이라도 좋으며, 인간의 것이라도 상관없다. 이론적으로 이것은 아주 새롭고 독특한 유전자의 조합이 된다. 그러므로 지금까지 자연계에 한 번도 나타난 적이 없으며, 또 어떤 결과를 가져올 것인지 상상조차 할 수 없는 생물이 창조될 가능성이 있다. 그래서 이 분야의 연구자들은 적절한 예방책을 강구하면서 이 연구를 진행한다.

그리고 더 많은 지식을 쌓기까지는 가상적인 위험에 대비하여 언제나 조심해야 한다.

우리는 이 책에서 인간에게 해로운 새로운 생물을 만들어 낼지도 모르는 가상적인 확률에 대해서 이미 배웠다. 즉 우리가 배운 요점은 그러한 일이 일어날 가능성은 거의 없다는 것이다. 어떤 생물의 DNA에 일어날 변화는 거의 언제나 그 생물에게 해로운 변화라는 것을 앞에서 배웠다. 즉 생물체에서 나타나는 거의 모든 변화는 그 생물체의 생존능력을 감소시키는 방향으로 간다. 그것을 비유해서 말한다면, 셰익스피어의 희곡 문장 속에 아무렇게나 다른 문장을 삽입해 보았을 때, 셰익스피어의 문장이 본래보다 더 좋아질 가능성은 거의 없는 것이나 마찬가지이다.

한편 생물이 진화하기 위해서는 DNA가 변화될 필요가 있다. 따라서 DNA의 변화 또는 부가가 개량의 결과를 가져왔다는 당연한 사실과 지금 이야기한 것은 서로 모순되어 보인다. 하지만 아니다. 5장에서 배운 바와 같이 그러한 사건은 너무나 드물게 일어난다는 것이다. 돌연변이로 DNA가 변화된 것이건 아니면 우리가 계획적으로 낯선 유전자를 결합시킨 것이건, 그러한 DNA의 변화는 생존의 기회를 감소시킨다는 원리가 적용된다. 따라서 낯선 DNA를 더 붙인다는 것은 그 생물을 강하고 위험한 생물로 만들기보다는 오히려 정반대 결과로 만들어 갈 것이다.

세균의 DNA를 변화시키면, 그 세균은 생존이 본래보다 더 어려워진다는 일반적인 관찰이 아니더라도 그러한 세균의 생존을 더 한층 어렵게 하는 중요한 고찰이 있다. 진화학과 유전학은 병원 생물이 만들어진다는 것이 지극히 복잡한 일이라는 것을 말해 준다. 장티푸스, 페스트, 디프테리아, 결핵 등의 병원균은 수십억 년의 진화 기간이 소요된 호되게 단련된 복잡한 유전자를 가진 조직체이다. 반면에 우리 인간은 단시간 동안에 수십억 년이 걸린 병원균보다 월등히 좋은 유전자를 조합하게 되었으니 그것은 엄청난 진화라고 생각된다.

예를 하나 더 들어 보자. 바이러스는 진화상의 과거부터 인간 세포에 대한 강력한 침입자로서 출현했다. 바이러스는 세포 속으로 그의 DNA를 주입한다. 이후 그 DNA는 세포 속에서 여러 개의 바이러스로 증식된다. 최근 일단의 연구자들은 쥐의 몸에 암을 일으키는 바이러스로부터 DNA를 취하여 그것을 세균의 DNA에 접속한 후, 그것을 쥐에 감염시켜 보는 실험을 실시했다. 그 결과, 쥐의 세포가 이 바이러스에는 간단히 암을 생성하지만, 암 바이러스의 DNA를 가진 세균에는 아무리 감염되어도 암을 일으키지 않았던 것이다. 옛 동화와는 달리, 양의 가죽을 쓴 이리 DNA는 실패한 것이다.

돌연변이라든가 유전자의 혼합은 극히 드물게 일어나는 현상이며, 진화는 우연히 일어난 그러한 현상의 연속으로 인해 결정되어 온 것이라고 앞 장에서 설명했다. 인간의 손으로 행해진 DNA의 조작이 과거 30억 년 동안에 자연적으로 일어난 DNA의 조작에 대해 특별한 의의가 있다고 할 생물학적 정당성은 없다. 그리고 실험실에서 실시되는 생체 내에서의 DNA 혼합도 새로운 것이 아니다. 1930년대 이래 우리는 세균에 DNA를 덧붙여 유전성 변화를 유발하는 실험을 해왔다. 에이버리의 실험이 그중

하나이다. DNA의 재조합 실험은 특별한 사전주의 없이 지난 몇 년 동안 실시되어 왔다. 그리고 이러한 유전자의 혼합은 자연계에서도 드물게 일어나고 있다는 것을 믿어도 좋을 이유가 있다.

정부의 시책에서 파생되는 이익과 위험을 잘 검토하여 사려 깊은 선택을 해야 한다는 것은 모든 시민에게 주어진 의무일 것이다. 전형적인 예가 있다. 1977년 매사추세츠주의 케임브리지에서 DNA 재조합 연구와 관련되어 일어난 일이다. 당시 DNA 재조합에 대한 연구가 가져올 수 있는 예상되는 위험에 대해 하버드대학에서 극단적인 성명이 나왔다. 이에 놀란 케임브리지의 시의회는 하나의 시민 위원회를 조직하여 그들로 하여금 전문가의 증언을 듣고 문제를 연구하여 해당 과학자들에게 행동을 권고할 것을 위촉했다. 그 위원회의 위원은 모두 비전문가들로서, 근면과 책임감으로 활동했다. 결과 위원회는 NIH(국립위생연구소)가 요청하는 안전기준에 추가하여 몇 가지 합리적인 안전기준을 지키며 연구를 계속할 것을 권고하는 결론을 내렸다. 시의회는 이 권고를 받아들였고, 위원회는 과학자뿐만 아니라 시민에게도 찬사를 받았다. 이 반가운 성과는, 비전문인들이지만 중요한 과학의 과제와 논쟁점을 이해하여 그에 대한 책임 있는 결정을 내릴 수 있다고 하는 필자의 확신을 뒷받침해 준다.

DNA의 재조합이라는 문제에서 나오는 이야기는 이러한 의문을 품게 한다. 만일 위험이 따를 가능성이 있다고 해서 그 지식의 탐구가 금지되어야 한다고 결정된다면, 그때 우리는 위험이 없는 지식만을 추구해야 할까? 그렇다면 그것은 어떤 종류의 지식일까? 미지의 세계를 탐구하는 데 있어, 무엇이 위험하고 무엇이 안전한지 그것을 어떻게 알 수 있을까? 진실로 안전한 것만 탐구하는 사람이 있다면, 그의 연구영역이 무엇이건 간에 그는 침대 속에서 쉬고 있는 사람일 것이다.

미래

인류는 인류가 나아갈 진화의 미래를 스스로 창조할 수 있다. 다른 어떤 생물과도 달리 우리 인류는 환경을 근본적으로 변화시키고 있는데, 그 변화는 인류에게 해를 주는 경우가 훨씬 많다. 지금 우리의 운명을 결정하는 것은 자연환경이 우리에게 미치는 영향이 아니라 오히려 우리가 이 세상에 미치는 영향이다. 이 현상을 우리는 문화적 진화라고 말한다. 우리는 화학약품으로 인간의 사고를 변화시킬 수 있으며, 공기와 물과 음식물을 유독하게 만들 수도 있다. 또 방사선이나 오존층의 파괴로 야기되는 강한 자외선으로 우리의 유전자에 손상을 줄 수 있으며, 여러 가지 다른 동식물을 지상에서 영원히 소멸시킬 수도 있다. 그뿐만 아니라 전혀 필요치도 않는 물건을 생산하느라고 에너지 자원을 낭비할 수도 있다. 한편으로 우리는 수명을 연장하고, 질병을 근절하며, 빈곤을 줄이고, 아름다움과 쾌락과 웃음과 만족을 얻을 수도 있다. 이거야말로 독으로 가득한 공기 속을 음악으로 채우는 것이다.

인류는 아름다움과 즐거움을 창조하면서 동시에 엄청난 비극도 만들어 낼 수 있는 무한한 능력을 가지고 있다. 우리는 진화가 낳은 모든 생물을 더 잘 살게 하려는 시야와 의지를 가지고 있을까? 그것은 장막에 가려진 미래이다. 그러나 우리가 확신할 수 있는 것이 있다. 호기심을 자유롭게 펼쳐볼 수 없는 사회는 절대로 미래에 대해 공헌하지 못한다. 호기심에 대한 해답을 찾아내려는 행동은 인간에게 있어 식성이나 성적 본능과도 같은 기본적인 충동이다. 우리는 끊임없이 연구해야만 하고, 그러한 연구 가운데서 우리에게 돌아오는 보상도 찾는 것이다.

우리들의 지식이란 거대한 도서관과도 같다. 긴 세월 동안 획득한 지식이 쌓이고, 그것을 누구나 검토하며, 끊임없이 새로운 지식이 선반에 놓여 간다. 책 속에는 이 세상 모든 확고한 지식이 있다. 그것은 미래의 지식을 탄생시키는 근원이다. 우리는 더 많은 책을 지식에 대한 욕망으로 채우려 하며, 지금까지 기록되지 않은 사랑과 지혜를 얻으려 한다. 모든 지식이 존재하는 도서관이야말로 그 값어치를 더하는 것이다.

과학을 통해 얻은 지식은 미지와 신비스러움에 대해 냉정하게 조명되어 빛을 내는 것이기 때문에 "생활을 비인간적으로 만든다."라고 말하는 사람이 있다. 필자의 경우 그것을 정반대로 생각한다. 우리는 과학이 구명해 낸 것을 앎으로써 우리의 마음속에 있는 커다란 아름다움과 현명함에 크게 경탄하지 않을 수 없다. 우리는 DNA와 RNA 그리고 단백질 사이의 분망한 관계를 알게 된 결과로 얻은 것이 많은가 아니면 잃은 것이 많은가? 필자의 독자들은 얻은 것이 많다고 느끼기를 희망한다. 만일 여러분이 분자의 기능에 대한 지식에 만족을 느끼지 못하는 사람이라면, 그리고 개인의 "진리"에 영양분을 공급하기 위해서 탐험의 손길이 미치지 않은 자연의 신비를 알아내야 할 필요를 느끼는 사람이라면, 오늘의 과학은 아직도 단지 미지의 표면만을 가볍게 긁고 있는 것에 지나지 않는다는 것을 알면 마음이 편해질 것이다. 지금까지도 발견되지 않은 지식은 지금까지 밝혀진 지식을 훨씬 능가하고 있다. 의문, 아름다움, 영감, 꿈, 마법, 신비 그리고, 여러분이 선택한 신(神)들에 대한 미지의 여지는 그 어느 때보다 광범위하게 펼쳐져 있는 것이다.

용어 해설

1장

○ **원자:** 물질을 구성하는 최소의 실체. 자연계에는 100여 종 이상의 원소가 있다. 생물에게 가장 중요한 원소는 탄소, 수소, 산소, 질소, 인 5가지이다.

○ **분자:** 원자가 화학적으로 결합되어 있는 것. 그 크기는 평균 원자 크기의 10배 정도 된다.

○ **엔트로피:** 어떤 시스템의 무질서 상태를 나타내는 화학용어.

○ **에너지:** 어떤 시스템이 지닌 일하는 능력을 말하는 화학용어.

2장

○ **정보:** 기계로 하여금 어떤 주어진 일을 하도록 지시하는 기호의 배열.

○ **유전자:** 세포가 지닌 기능에 지시하여 어떤 특정한 단백질을 만들게 하는 한 조각의 정보. 일단의 유전자는 일단의 단백질을 제조하도록 지시하는데, 이것이 유전 형질을 결정한다.

○ **유전학:** 유전을 연구하는 과학.

○ **세균(Bacteria):** 단세포생물로서 동물세포보다 훨씬 작고 간단하다. 간단한 염과 당만을 에너지원으로 하여 살아가는 것이 많다.

○ **DNA:** 뉴클레오티드가 이어진 기다란 사슬. 생물학적 정보의 화학적 형태이며, 유전자의 물질이다.

○ **뉴클레오티드:** DNA와 RNA 사슬의 고리를 만들고 있는 분자. DNA 중에는 아데닐산, 구아닐산, 시티딜산, 티미딜산, 4종류가 있다. RNA 중에는 티미딜산 대신에 유리딜산이 있고 나머지는 DNA와 같다.

○ **단백질:** 아미노산이 특별한 순서로 배열되어 만들어진 사슬. 생물의 구조와 기능은 대부분 단백질이다.

○ **아미노산:** 단백질 사슬의 고리가 되어 있는 분자. 20종류가 있으며, 각 이름의 첫 3자를 따서 표시하는 경우가 많다.

○ **리보솜:** RNA와 단백질이 결합되어 있다. 아미노산을 공급받으면, tRNA의 도움을 받아 mRNA를 해독하여 아미노산을 적당한 순서로 연결해 단백질을 만든다.

○ **RNA:** DNA를 닮은 뉴클레오티드 사슬.

○ **전령 RNA(mRNA):** DNA의 유전자 하나의 길이를 복사하고 있는 RNA.

○ **운반 RNA(tRNA):** 조그마한 RNA 분자로서 종류가 많다. 각각의 종류에 하나의 아미노산이 이어진다. 아미노산은 이것에 의해 리보솜으로 운반되고, 적당한 순서로 결합되어 단백질을 만든다.

○ **바이러스:** DNA(또는 RNA)와 단백질이 결합한 것으로 세포 내부가 아니면 번식하지 못한다.

3장

○ **오존:** 산소 원자 3개가 결합되어 있는 분자. 오존 분자는 대기의 상층에 모여, 태양으로부터 오는 강한 자외선을 차단한다.

○ **효소:** 특별한 화학적 일을 할 수 있는 단백질 분자. 촉매로서 작용하여 화학반응 속도를 빠르게 한다.

○ **세포막:** 지방과 단백질로 구성되어 있으며, 세포의 내용물을 둘러싸서 외부 환경으로부터 보호한다.

4장

○ **엽록소:** 식물에 들어 있는 녹색의 분자. 빛에너지를 포착한다.

○ **엽록체:** 식물세포 속에 있는 작은 덩어리로, 엽록소를 포함하고 있으며, 여기서 포착된 빛에너지는 ATP를 만든다.

○ **미토콘드리아:** 세포 속에 있는 작은 덩어리로, 여기서는 당의 분자를 산화시켜 ATP를 만든다.

○ **ATP:** 아데노신3인산. 세포 내에서 활약하는 화학에너지의 형태로서 모든 세포의 기능을 가능하게 한다.

○ **AMP:** 아데노신1인산. ATP에서 피로인산(Pyrophosphate)이 빠진 것이다.

○ **PP:** 피로인산. 2개의 인산이 서로 붙어 있다. PP와 AMP가 결합하면 ATP가 된다.

○ **연소:** 당과 같은 분자가 산소와 결합하여 에너지(열 또는 일)를 방출하는 것을 말한다.

○ **전자:** 원자를 구성하고 있는 음전기를 지닌 입자. 이것이 모여 전기가 되고, 그것이 흐르는 것이 전류이다.

5장

○ **진화:** 최초의 생물 형태로부터 지금의 생물 형태로 발전해온 과정.

○ **돌연변이:** 물리적 또는 화학적 원인에 의해 DNA의 구조가 변한 것.

○ **플라스미드:** 세균이 가지고 있는 고리 형태의 작은 DNA 조각. 이것은 세균의 세포 속으로 들어갔다 나왔다 할 수 있다.

○ **재조합 DNA:** 다른 성격의 생물로부터 얻은 2개의 DNA 사슬을 끝과 끝끼리 결합한 것. 엄밀히 말한다면, DNA의 한 조각을 세균의 플라스미드에 이어 붙인 것이다.

6장

○ **선택:** 어떤 생물체의 변화에 대해 환경이 그 변화를 호의적으로 택하는가 아니면 그 반대인가 하는 생존을 위한 과정.

7장

○ **배:** 발육의 초기 단계에 있는 생물체.

○ **유전자 발현:** 어떤 유전자의 존재가 단백질로 번역되어 표현되는 것.

○ **클론:** 단 1개의 세포에서 생겨난 세포의 무리.

○ **억제:** 어떤 유전자가 차단되어 단백질로 번역되는 것이 방해되는 것.

○ **억제물질:** 어떤 유전자의 발현을 저지시키는 단백질 분자.

○ **박테리오파지:** 세균을 이용하여 그 속에 들어가 자기 자신을 증식하는 바이러스.

○ **재생:** 잘라 없어진 기관이 본래의 모습으로 회복되는 현상.

8장

○ **암 바이러스:** 정상적인 세포를 암세포로 변화시킬 수 있는 바이러스.

○ **발암물질:** 인간을 포함해 동물의 세포에 암을 일으킬 수 있는 화학물질.

○ **기형종(奇形腫):** 모발, 뼈와 같은 분화된 조직을 만들어 내는 특수한 암.

○ **호르몬:** 몸속에 있는 특별한 세포(내분비선)에 의해 만들어지는 화학물질로서, 혈액순환의 방법으로 다른 기관에 운반되고, 거기서 세포의 특성에 영향을 준다.

역자 후기

이 책은 Mahlon Bush Hoagland가 쓴 『THE ROOTS OF LIFE』의 최근 개정판을 번역한 것입니다. 저자 호글랜드는 미국의 유명한 생화학 자로서, 1921년 보스턴에서 출생했습니다. 하버드 의과대학을 나와 다트 마우드대학과 하버드 의과대학의 교수, 그리고 국립위생연구소와 미국암 협회의 고문을 역임했습니다. 매사추세츠주 웨스트에 있는 실험생물 연 구소의 소장이며, 독립연구연합회의 회장도 맡고 있습니다.

그는 베릴륨의 발암기구 연구(8장 참조), 조효소A의 합성기구 연구, 아 미노산의 활성기구와 단백질 합성에 있어서 tRNA의 발견(2장 참조) 등 주 요 업적을 남기고 있습니다. 그는 이러한 연구로 1976년에 명예로운 프 랭클린 메달을 받기도 했습니다.

이 책은 그러한 뛰어난 과학자가 과학과 별로 친숙하지 못한 일반인, 특히 젊은 독자를 위해 쓴, 분자생물학을 중심으로 한 그 방면의 입문서 입니다. 즉 DNA와 유전정보, RNA와 단백질 합성, ATP와 에너지 대사, 돌연변이와 DNA 재조합 등의 내용을 중심으로 진화와 생명의 기원, 배 발생, 암, 과학의 본질과 연구비 문제에 이르기까지 다루고 있습니다.

그는 이렇게 광범위한 분야 가운데서도 가장 중요한 테마만 선택해 그 것을 대단히 간결한 설명으로 요점만을 표현합니다. 그리고 이 책에서는 화학식이 전혀 등장하지 않습니다. 어느 정도 예비지식을 가진 사람들에게는 그 때문에 초보적인 내용이라고 느껴지겠지만, 본래 이 책은 과학과 깊은 관계가 없는 사람들을 염두에 두고 쓴 것입니다.

설명이 간결하다고 해서 결코 무미건조한 내용인 것은 아닙니다. 자신이 가진 과학 지식을 일반인에게 쉽게 전달하려고 애쓴 저자의 열정과 노력은 서문에서부터 충분히 느낄 수 있습니다. 특히 소박하게 표현된 그림은 독자의 이해를 돕는 데 큰 구실을 합니다. 그리고 곳곳에 저자가 실제로 체험한 내용을 실어 발견의 즐거움, 예상외의 사태와 부딪친 놀라움 등을 생생하게 소개합니다. 그뿐만 아니라 자신이 실험에 실패한 사례를 기록하면서 "대부분의 실험은 목적한 대로 끝나지 않는다는 것", 아이디어는 거의 실패로 끝난다는 것, 일생을 통해 훌륭한 아이디어가 겨우 2~3번만 떠올라도 운이 좋은 과학자라는 등의 일선 과학자가 느끼는 솔직한 감정을 그대로 나타내고 있습니다.

특히 9장에서는 DNA 재조합 실험의 위험성에 대해 낙관적인 생각을 주장하고 있습니다. 즉 과거 30억 년 동안 자연적으로 일어난 DNA 재조합에 비할 때, 지난 몇 해 사이에 인간이 행한 DNA 재조합 조작은 문제될 정도가 아니라는 신념을 표현합니다. 그리고 이러한 분자생물학과 유전공학의 발전이 지금까지 불가능하다고 생각되어 온 유전병의 치료라든가 인간의 개조까지도 가능하게 할지도 모른다는 희망적인 관측도 합니다.

현재 분자생물학, 유전자공학 등에 대한 책이 많이 소개되어 있습니다만, 이 책은 그러한 분야의 예비서로 어떤 책보다 도움이 되리라 믿습니다.

도서목록
- 현대과학신서 -

도서목록
- BLUE BACKS -